Strand Wetenschap

over

Zand, Water en Golven

ir G.L.M. van der Schrieck

© 2021 GLM van der Schrieck

GLM VAN DER SCHRIECK BV

Alle rechten voorbehouden. Geen enkel deel van deze publicatie of de informatie in deze publicatie mag worden gereproduceerd, opgeslagen in een zoeksysteem of verzonden in welke vorm of op welke manier dan ook, elektronisch, mechanisch, door fotokopiëren, opnemen of anderszins, zonder voorafgaande schriftelijke toestemming van de uitgever.

Hoewel alle zorg is besteed aan het waarborgen van de integriteit en de kwaliteit van deze publicatie en de informatie daarin, aanvaardt de uitgever noch de auteur enige verantwoordelijkheid voor enige schade aan eigendommen of personen als gevolg van de bediening of het gebruik van deze publicatie en/of de informatie in dit document.

Auteur en redacteur: G.L.M. van der Schrieck
ISBN: 9798403689328
Uitgegeven door: GLM van der SCHRIECK BV
                 Burg. Den Texlaan 43
                 2111CC, Aerdenhout, Nederland
                 E-mail: glm@vanderschrieck.nl
V23

Geschreven in Corona tijd en opgedragen aan mijn echtgenote Judith, onze kinderen Jeroen, Maarten en Florentine en kleinkinderen Louise, Lucas, Féline, Rosalie, Philipine, Constantijn en Jan Willem.

INHOUD

1.	De eigenschappen van zand	9
1.1.	Zandkorrels: vorm en grootte	9
1.2.	Porositeit van zand	11
1.3.	Schuifkracht van zand	13
1.4.	Waterdoorlatendheid van zand	17
2.	Afschuif gedrag van zand	21
2.1.	Droog zand	21
2.2.	Nat zand	23
2.2.1.	Capillaire spanning	23
2.2.2.	Meten van de capillaire grondspanning	27
3.	Maximale hoogte van een zandkasteelmuur	33
3.1.	Basiskennis grondmechanica	35
3.2.	Terug naar de zandkasteelmuur	41
4.	De berging van een gestrand schip	43
5.	Gedrag van zand onder water	51
5.1.	"Droge" voetafdrukken in het natte zand	51
5.2.	Goocheltruc met water en zand	55
5.3.	Het poces van zandwinning	57
5.4.	Bresproef in een waterfles	61
6.	Calamiteiten met water en zand	63
6.1.	Drijfzand	63
6.2.	Bezwijken van dijken en hellingen	69
6.3.	Proef met een zettingsvloeiing	71
7.	De strandstoel en de bolderwagen op het strand	73
7.1.	Stabiliteit van een strandstoel	73
7.2.	De bolderwagen op het strand	81
8.	Korte golven en hun invloed op het strand zand	83
8.1.	Beschrijving van een korte golf	85
8.2.	Het ontstaan van korte golven op diep water	90
8.3.	Het breken van korte golven	93
8.4.	Verplaatsen van zand en water door korte golven	99
8.5.	Gevaarlijke muistromen door brekende korte golven	103
9.	Lange golven	105
9.1.	De getijdegolf	105
9.2.	De "Getij Watersprong" of "Tidal Bore"	109
9.3.	De Tsunami golf	113
10.	Micro-meter Korreldiameter Indicator	117

Voorwoord

Dit boekje is geschreven voor jong en oud en geeft uitleg over de grondmechanische effecten in het strandzand en de vloeistofmechanische verschijnselen zoals de golven in het water van de zee. Voor velen van ons is het strand ons eerste experimentele "Laboratorium" waarbij we spelenderwijze in aanraking komen met het gedrag van zand, water en golven.
In dit boekje worden veel voorkomende vragen beantwoord zoals:
- Wat is drijfzand? Hoe kan ik mij daaruit bevrijden?
- Tot welke hoogte kan ik mijn zandkasteel bouwen?
- Waarom is vochtig zand steviger dan droog zand?
- Waarom zie ik een "droge plek" rondom mijn voet als ik over het natte strand loop?
- Waarom zak ik met mijn stoelpoten diep weg in droog zand en niet in vochtig zand?
- Waarom was het lostrekken van het gestrande schip in het Suez kanaal zo lastig?
- Wat is eigenlijk een golf?
- Hoe werkt het Getij?
- Hoe ontstaat een Tsunami en waarom is die zo gevaarlijk?

Voor het beantwoorden van deze vragen wordt in dit boekje uitgelegd wat er in zand en het water gebeurt. Ook worden enkele eenvoudige rekenmodellen en zelf uit te voeren proefjes aangereikt.

Het boekje is bedoeld als een gids van en voor de "Kustwaterbouwkundig Ingenieur" die in ons allen schuil gaat en dient als "Conversation Piece" tussen opeenvolgende generaties die bij het strand wonen of daar op vakantie zijn.

Bart van der Schrieck

1. De eigenschappen van zand

In dit eerste hoofdstuk worden de belangrijkste eigenschappen van zand beschreven:
- De korrelvorm en grootte
- De porositeit ofwel de ruimte tussen de korrels
- De waterdoorlatendheid
- De afschuifsterkte

Deze eigenschappen bepalen het gedrag van zand onder de verschillende omstandigheden zoals die in de praktijk voorkomen. Hier zal in hoofdstuk 2 nader op worden ingegaan.

1.1. Zandkorrels: vorm en grootte

Zandkorrels in een rivier komen van oorsprong uit een gebergte waar zij door de verwering van gesteente zijn ontstaan. Gesteente is meestal opgebouwd uit meerdere steensoorten waaronder kwarts gesteente. Het kwarts verweert het langzaamste en wordt door de stroming in de rivier meegevoerd tot aan de monding van de rivier in zee. In de Rhône in Frankrijk worden zelfs stenen mee gevoerd die tijdens hun weg van Zwitserland naar de Middellandse zee worden afgerond en in de rivierdelta bij Marseille bezinken. Als je daar langs de rivier staat bij een hoge rivierafvoer dan hoor je de stenen over de bodem van de rivier rollen!

Bij de meeste rivierdelta's worden hoofdzakelijk kwartskorrels gedeponeerd. Deze korrels worden vervolgens door de heen en weer gaande golfbeweging van de zee omhoog in de waterkolom opgewerveld en met de voor de riviermonding heersende getijdestromingen verder langs de kust getransporteerd.

De zandkorrels in een rivier zijn naar verhouding nog jong en hebben een zeer onregelmatige vorm. Deze korrels voelen ook "scherper" aan dan zandkorrels op een strand.
Rivierzand wordt daarom ook wel "scherp zand" genoemd.

Naast het feit dat rivierzand zoet water bevat, is de extra scherpte mede een reden om dit zand als metselzand te gebruiken.

Zandkorrels op een zeestrand zijn veel ouder dan rivierzandkorrels. Zij zijn meer afgerond doordat op een zeestrand de korrels vele jaren lang door de telkens op het strand brekende golven langs elkaar worden bewogen. Hierdoor zijn de scherpe kantjes van de korrels afgesleten en voelt het zand veel minder scherp aan.

Het is daarom ook fijner om met strandzand te spelen!

Korrels met een onregelmatige vorm kunnen moeilijker ten opzichte van elkaar verschuiven dan meer ronde korrels. De korrelvorm heeft dus invloed op de schuifkrachten in zand. We komen hier in een volgend hoofdstuk op terug.

We spreken van zand als de korrelgrootte tussen 0,063 mm en 2 mm ligt.

Het schatten van de korreldiameter van zand
Achter in dit boekje is op een aparte pagina een korreldiameter indicator afgedrukt. Deze pagina kan worden uitgeknipt en gelamineerd, waarna hij gebruikt kan worden voor het schatten van de korreldiameter van zand.

1.2. Porositeit van zand

Zandkorrels zitten niet altijd op de zelfde afstand ten opzichte van elkaar. Deze afstand hangt af van de omstandigheden waaronder een laag zand is afgezet en al dan niet later extra is belast door bovenliggende lagen zand of door zware ijsgletsjers. De relatieve afstand van de zandkorrels ten opzichte van elkaar zitten noemen we de "pakking" van het zand.
Het totale volume aan ruimte tussen de zandkorrels noemen we de "porositeit n" en duiden we aan met een volume percentage.

De porositeit van zand varieert ongeveer tussen 30% en 45% afhankelijk van de mate of de "graad" waarin het zand is verdicht.

Knikkers
In het bijzondere geval van een stapeling van gelijke ronde bollen (knikkers) kunnen we een losse stapeling maken en een meest dichte stapeling. De losse stapeling heet "kubische stapeling", daarbij liggen de bollen in rechte lijnen boven en naast elkaar. Deze stapeling heeft een porositeit van $n_1 = 47{,}64\%$.

Bij de meest dichte stapeling liggen de bollen in een patroon van gelijkzijdige driehoeken waarbij de bollen van de volgende laag precies in de ruimte tussen drie bollen uit de laag eronder vallen. We noemen dat een "Rhombische stapeling" en deze heeft een porositeit van $n_2 = 25{,}95\%$

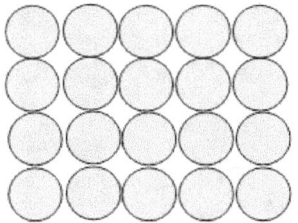 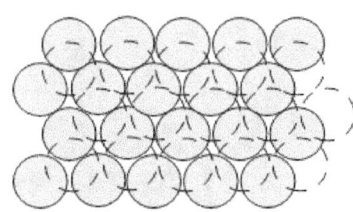

Kubische stapeling   Rhombische stapeling

Test:
Je kan beide stapelingen maken van knikkers in twee gelijke rechthoekige dozen (of twee keer in dezelfde doos):
    Doos 1: Kubische stapeling
    Doos 2: Rhombische stapeling

Tel in beide gevallen het aantal knikkers A1 en A2 dat in de doos past en bereken de verhouding A1/A2. Vergelijk deze vervolgens met de theoretische verhouding n1/n2 = 47,64/25,95 = 1,835

Een lage porositeit duidt dus op een hoge graad van verdichting waarbij de korrels meer dicht tussen elkaar liggen dan op elkaar. Dit verschijnsel gaat meestal gepaard met een hoge schuifsterkte van het zand.

Als de korrels losgepakt zijn, zitten ze onderling verder van elkaar af en kunnen ze makkelijker ten opzichte van elkaar verschuiven.
Ze kunnen dan ook door een extra belasting of trilling dichter op elkaar gaan zitten. Dit noemen we het "verdichten" van zand.
Tijdens het verdichten van zand neemt de porositeit af.

Wanneer de korrels vastgepakt op elkaar zitten dan kunnen ze moeilijker ten opzichte van elkaar verschuiven. Voor de afschuiving van verdicht zand zal de porositeit van het zand eerst moeten toenemen.

1.3. Schuifkracht van zand

Wanneer een bepaald volume van zand belast wordt dan ontstaan er schuifkrachten in het zand die de zandkorrels ten opzichte van elkaar willen verschuiven. Een dergelijke vorm van afschuiven wordt gesimuleerd in de "directe schuifproef". Deze bestaat uit twee ringen die los op elkaar staan, gevuld met zand met daarop een losse deksel dat precies binnen de bovenste ring past.
Op dit deksel kan een normaalkracht Fnormaal worden gezet.

Op de bovenste ring staat een schuifkracht Fschuif in de ene richting en op de onderste ring staat een even grote schuifkracht in de tegenovergestelde richting. Bij een voldoende hoge schuifkracht Fschuif zal het volume zand zich splitsen in twee ten opzichte van elkaar verschuivende delen. In onderstaande figuur worden de twee delen respectievelijk zandlaag 1 en zandlaag 2 genoemd.

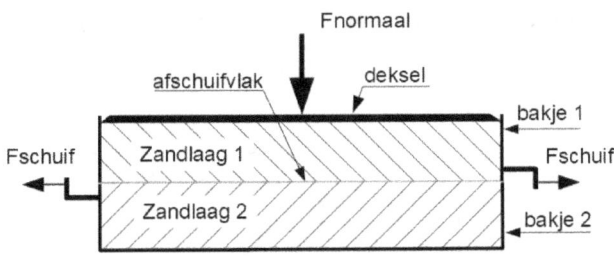

Directe schuifproef

De twee zandlagen 1 en 2 worden nu gescheiden door een zogenaamd "afschuifvlak". In dat vlak schuiven de korrels van de ene laag over die van de andere laag heen. In de grondmechanica noemen we het ten opzichte van elkaar afschuiven van twee lagen zand ook wel het " bezwijken van zand".

De gemeten verhouding W = Fschuif/Fnormaal is de wrijvingsfactor W van het zand.

Deze wrijvingsfactor wordt bij zand uitgedrukt in de hellingshoek φ die de resultante van de beide krachten Fschuif + Fnormaal maakt ten opzichte van de normaal op het schuifvlak.
Ter toelichting: de "normaal" op een vlak is een lijn die loodrecht (= onder een hoek van 90 graden) t.o.v. dat vlak staat.

Voor deze wrijvingsfactor W geldt de volgende formule:

W = Fschuif/Fnormaal = tangens(φ)   [-]

Dit wordt hieronder aan de hand van een praktisch voorbeeld nader toegelicht

De hoek φ van inwendige wrijving van zand
Een voorbeeld van het bezwijken van zand door het activeren van de hoek φ van inwendige wrijving is een doos met een ruwe onderkant (bv gelijmd zand) die over een horizontaal zandbed wordt getrokken. Zie onderstaande figuur.

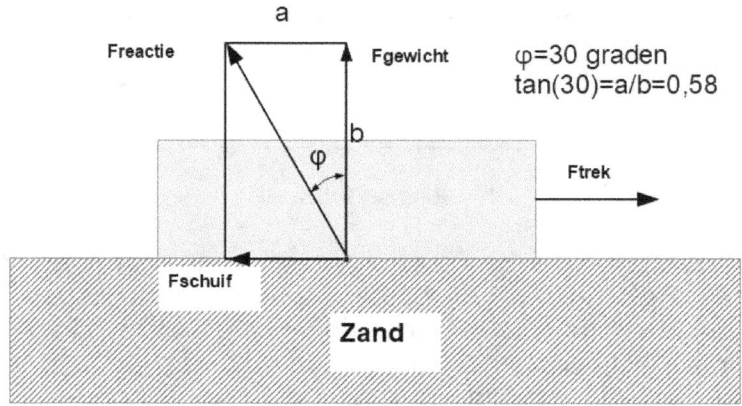

Principe van de hoek van inwendige wrijving φ

Om de doos te laten schuiven moet je een trekkracht Ftrek toepassen die gelijk is aan de schuifkracht Fschuif die aan de onderkant van de doos wordt gegenereerd door de interne wrijving in het oppervlak van de zandlaag.

De grootte van de schuifkracht Fschuif hangt af van twee factoren:
1. de verticale gewichtskracht Fgewicht waarmee de doos als normaalkracht Fn op de zandlaag drukt en
2. de hoek van inwendige wrijving φ van het zand.

De gewichtskracht F van een doos met massa m [kg] wordt veroorzaakt door de zwaartekracht versnelling g. De waarde voor g is op het aardoppervlak gelijk aan 10 [m/s^2].
Het is gebruikelijk om kracht uit te drukken in de eenheid Newton. De gewichtskracht F van een massa van m [kg] uitgedrukt in Newtons is:

$$F = m \times g \quad [\text{Newton}]$$

De reactie kracht op de doos volgt uit het optellen van de schuifkracht Fschuif en de normaalkracht Fgewicht.
Als je twee krachten bij elkaar optelt moet je ze van beginpunt naar eindpunt achter elkaar zetten, zo krijg je de grootte en de richting van de resulterende kracht.

Uit bovenstaande figuur kunnen we afleiden:

$$\text{Fgewicht} + \text{Fschuif} = b + a = \text{Freactie}$$

Uit de figuur blijkt dat de resultante van Fschuif en Fgewicht gelijk is aan Freactie en dat deze kracht onder een hoek φ staat met de "normaal" op het afschuifvlak. Er geldt:

$$\text{Fschuif} = \tan(\varphi) \times \text{Fgewicht}$$

<u>Het meten van de hoek φ van inwendige wrijving:</u>
Je kunt de hoek van interne wrijving met de bovenstaande schuifproef bepalen. Maar je kunt ook een sleepproef doen met bovengenoemde doos. Meet het gewicht Fgewicht van de doos en meet de benodigde Fschuif. Bepaal vervolgens de hoek φ met behulp van de volgende vergelijking:

$$\tan(\varphi) = \text{Fschuif} / \text{Fgewicht}.$$

Je kunt deze proef herhalen met verschillende gewichten in de doos. De gemeten hoek van inwendige wrijving zal constant zijn, maar bij zeer geringe waardes voor Fgewicht zullen hogere hoeken van inwendige wrijving worden gemeten. De oorzaak daarvan is dat de zandkorrels bij een laag spanningsniveau zich verder ten opzichte van elkaar kunnen positioneren waardoor er een lagere dichtheid ontstaat met minder raakpunten en raakvlakken.

1.4. Waterdoorlatendheid van zand

Een laag zand is zeer geschikt om een terrein te doen afwateren. We noemen dat "draineren". Zand bestaat uit korrels met daartussen een aaneengesloten open ruimte (poriën). Deze aaneengesloten ruimte vormt dus als het ware een samenstel van kronkelige "pijpjes" waar het water doorheen kan stromen. Omdat dit water onder in de grond zit noemen we het "grondwater".

Het water van regenbuien kan dus goed via een laag zand afstromen naar bijvoorbeeld een lager gelegen drainage sloot.
Dit is de reden waarom bij nieuwbouw van huizen en straten altijd veel zand wordt gebruikt als vervanging van de aanwezige minder goed doorstromende grond. We noemen de mate van doorstroming de "doorlatendheid" van zand.

Het zal duidelijk zijn dat de doorlatendheid afhangt van de grootte van de poriën en dus van de grootte van de korrels.
Oftewel: hoe groter de korrels hoe groter de doorlatendheid.
Let op: het gaat hier wel om de kleinste korrels die in de grotere poriën zitten!

De doorlatendheid wordt meestal aangeduid met de letter k en uitgedrukt in de snelheid V waarmee een laag water als gevolg van een verticale gradiënt i als gevolg van een drukval Δh over een lengte L_z in een laag zand wegzakt.

$$i = \Delta h / L_z$$
$$V = k \times i$$

Voor zand vindt men meestal k-waarden tussen 0,001 en 1 mm/sec.

<u>Doorlatendheidsmeting van zand:</u>
Je kunt met een eenvoudig proefje de doorlatendheid van zand meten. Neem hiervoor twee gelijke plastic flessen waar je van elk de bodem verwijdert (zie tekening hieronder).

Proef opbouw:
Hang fles A omgekeerd onder de tuinkraan en fles B omgekeerd er naast. Monteer een slangetje aan de onderkant bij de dop van fles A en laat dit slangetje uitstromen boven fles B.
Meet de hoogte van het verval Δh tussen de bovenkant van fles A en de uitstroomhoogte van het slangetje.

In fles A leg je onderin wat fijn grind wat je vervolgens afdekt met een goed rondom tegen de fleswand aansluitend zakdoekje.
Het zakdoekje dient als filter tegen het doorzakken van zandkorrels. Leg op dit doek een laag zand en meet de dikte L van deze zandlaag.
Breng twee markeer strepen aan op fles B voor de niveaus 1 en 2 waarop de tijden t1 en t2 zullen worden gemeten.

Proef uitvoering
Open de tuinkraan zodat deze langzaam stroomt terwijl fles A continue overstroomt.
Houdt fles B snel onder de hele straal die uit het slangetje stroomt en druk daarbij tegelijk de stopwatch in. Dit is de starttijd t1.
Zodra het niveau t2 is bereikt haal je fles B snel onder het slangetje vandaan en stop daarbij tegelijk de stopwatch.
Lees het aantal seconden S af tussen t1 en t2.

Berekeningen:
$S = t_2 - t_1$ [sec]
L_w = niveau t_2 – niveau t_1 [m]
$V = L_w/S$ [m/s]
$i = \Delta h / L_z$ [-]
$k = V/i$ [m/s]

LET OP:
De snelheid V die we hier meten is de snelheid waarmee het wateroppervlak in de fles B stijgt. Deze snelheid is gelijk aan de snelheid waarmee het wateroppervlak in fles B zou gaan zakken zodra we de kraan dichtdraaien.
Deze snelheid is echter niet gelijk aan de snelheid van het water tussen de korrels! De ruimte tussen de korrels is nauwer dan de

ruimte in de vrije fles. Deze vernauwing wordt bepaald door de porositeit n en dus is de snelheid tussen de korrels een factor 1/n hoger! Vergelijk dit met het effect van een vernauwing met een factor 1/n in een stroombuis: na de vernauwing stroomt het water een factor 1/n sneller door de buis.

De werkelijke watersnelheid q in het zand is:

$$q = V/n \quad [m/s]$$

Deze snelheid q wordt de "filtersnelheid" genoemd. Als je met een dun buisje wat gekleurde inkt boven in het zand aanbrengt kan je deze filtersnelheid zien.

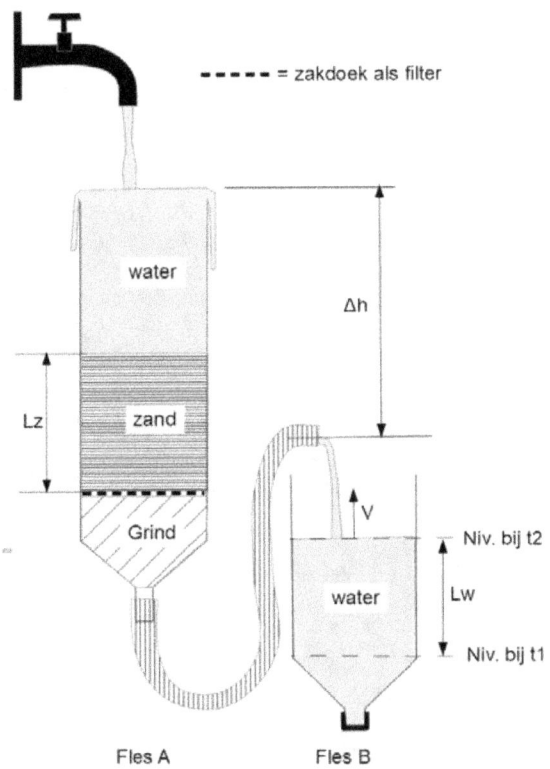

Doorlatendheidsproef

2. Afschuif gedrag van zand

2.1. Droog zand

Droog zand kunnen we gemakkelijk opscheppen en in een laag uitspreiden. We kunnen het ook op één punt storten zodat het een berg vormt. Wat opvalt is dat deze berg niet steiler wordt dan ongeveer 30 graden. Het maakt ook niet uit hoe groot de berg is, in alle gevallen blijft de maximale helling ongeveer 30 graden.
De grootte van de helling blijkt gelijk te zijn aan de hoek φ van inwendige wrijving die we in par. 1.3 hebben beschreven.

Laten we de maximaal haalbare hellingshoek α van een berg los droog zand aan de hand van een eenvoudig model analyseren. Als model van de toplaag van het zand op een dijkhelling onder een hellingshoek α kunnen we "de doos" van par. 1.3. gebruiken.
Zie figuur hieronder.

φ=30 graden
tg(φ)=a/b
Fnormaal=Fgewicht x sinus(φ)
Max Fschuif=Fnormaal x tangens(φ)

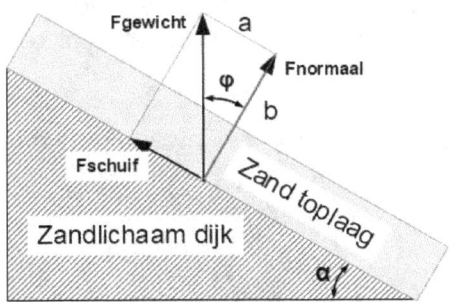

Max hellingshoek φ van een dijk van droog zand

Als we in het droge zand aan het strand een dijk of berg vanaf hellingshoek α = nul beginnen op te bouwen, zal de hellingshoek α van de dijk langzaam toenemen. Tegelijkertijd zal de afschuifkracht die de toplaag uitoefent op het zandlichaam van de dijk ten gevolge van de zwaartekracht toenemen totdat een zekere maximale waarde voor Fschuif wordt bereikt.

Dit maximum treedt op wanneer de hellingshoek α de hoek van interne wrijving φ heeft bereikt. Elke poging om de dijkhelling (deze noemen we ook wel "het talud") steiler te maken zal resulteren in het bezwijken van de toplaag, waarbij het gedeelte dat steiler is dan hoek φ naar beneden stroomt tot aan de onderkant ("de teen") van het talud.
Het is onmogelijk een steilere hellingshoek op te bouwen dan de hoek φ!

Met deze wetenschap kunnen we de hoek φ van droog zand op een zeer eenvoudige manier meten:

1 Neem een glad afgestreken beker met droog zand.
2 Kantel de beker langzaam tot een grotere hoek.
3 Zodra het zand aan het oppervlak begint te rollen is de kantelhoek gelijk aan de hoek φ van interne wrijving van het droge zand.

Probeer dit met verschillende niveaus van verdichten van het zand: Eerst los gestrooid en daarna nog eens na verdichten van het zand door de beker met de onderkant op tafel te laten tikken en het zand licht aan te stampen.

Bij grotere verdichting zal de hoek van inwendige wrijving groter zijn!

2.2. Nat zand

2.2.1. Capillaire spanning

In het zand op het strand bevindt zich op een zekere diepte het grondwater. Aan het strand aan zee is deze diepte niet groot omdat de bovenkant van het grondwater altijd vlak boven het zeeniveau ligt. Boven het grondwater niveau bevindt zich hoofdzakelijk lucht in de poriën.
Op het grensvlak tussen water en lucht zijn de interne poriën tussen de zandkorrels gedeeltelijk gevuld met water. De korrels liggen naast en boven op elkaar en het wateroppervlak wordt aan het korreloppervlak omhooggetrokken door de capillaire oppervlaktespanning die heerst tussen het wateroppervlak en het oppervlak van de korrels.
In de figuur hieronder is dit schetsmatig weergegeven. Links een stapel korrels en rechts een verticaal glazen stijgbuisje met een inwendige diameter gelijk aan de gemiddelde poriediameter.

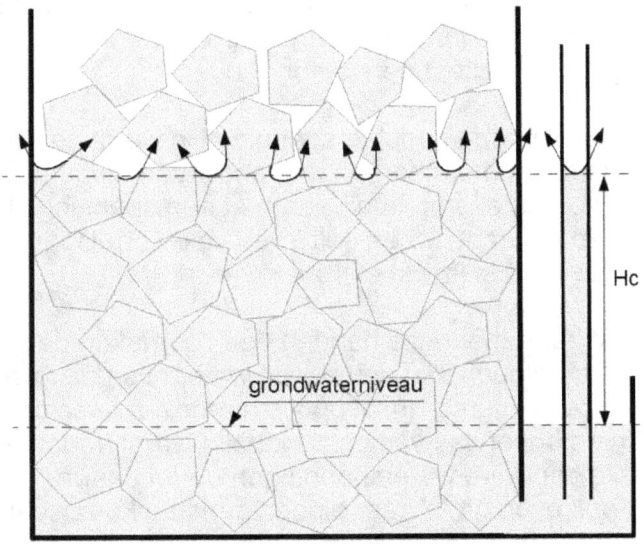

Capillaire grondspanning Hc

De oppervlakte spanningen op de overgangen van het water naar de korrels zorgen samen voor een gemiddelde omhoog gerichte spanning Hc die omhoog trekt aan het wateroppervlak in het grensvlak. Hierdoor wordt de gemiddelde grondwaterspiegel over een afstand van Hc [m] omhooggetrokken. We noemen Hc de Capillaire grondspanning hier uitgedrukt in meters water kolom [mwk].

NB: Korte toelichting op de betekenis van een spanning uitgedrukt in meter water kolom [mwk]:

Een spanning van 1 mwk komt overeen met de spanning door de gewichtskracht G van 1 [m^3] water op een oppervlak van 1 [m^2]. Met een waterdichtheid van D = 1000 kg/m^3 geldt:

$$G = g \times 1000 \text{ [N]}$$

$$\begin{aligned} 1 \text{ [mwk]} &= 1 \times g \times 1000 \text{ [N/m}^2\text{]} \\ &= 1 \times 10.000 \text{ [N/m}^2\text{]} \\ &= 1 \times 10 \text{ [kPa]} \end{aligned}$$

Hier zien we een andere veel gebruikte eenheid van spanning en druk, de "Pascal", uitgedrukt in [N/m^2]. Deze wordt afgekort als Pa. Het voorvoegsel k betekent een factor 1000.

De op het water omhoog gerichte spanning Hc wordt geleverd door de laag korrels die op het heersende grondwaterniveau ligt.
Deze korrels worden dus op hun beurt met een spanning Hc omlaag getrokken en zo ontstaat er een extra verticale korrelspanning in het zand ter grootte van Hc [mwk] of 10 x Hc [kPa].

Als we van nat zand met onze handen een bal maken dan voelt zo een bal na het weglopen van een beetje water al snel erg stevig aan. Hier treedt hetzelfde verschijnsel op als hierboven beschreven, maar nu over het hele oppervlak van de zandbal! Overal treden er naar buiten gerichte capillaire waterspanningen op en daarmee tegelijkertijd ook even grote naar binnen gerichte korrelspanningen die zorgen voor een flinke versteviging van de zandbal!

Het is dit verschijnsel dat ons in staat stelt om op het strand op kleine schaal mooie stevige en zelfs zeer steile dijken en -kasteelmuren te bouwen met een hellingshoek tot wel 90 graden!

In de literatuur vinden we de volgende waarden voor de capillaire grondspanning Hc:

Type zand	Korreldiameter [mm]	Capillaire grondspanning Hc [mwk]
grof	1-0,5	0,02-0,05
middelfijn tot grof	0,25-0,5	0,12-0,35
slib	0,016-0,031	0,70-1,50
klei	<0,004	2-4 of meer!

NB: mwk = meter water kolom waterdruk

Dus: hoe fijner de korrels, hoe meer zandkorrels er in contact zijn met het wateroppervlak en hoe hoger de gemiddelde capillaire grondspanning is. Gemiddeld zal de capillaire spanning van middelfijn strandzand orde van grootte 0,2 [mwk] zijn.

In de praktijk is de overgang van nat naar droog zand niet zo abrupt als hierboven geschetst. Dit komt omdat er meestal sprake is van een range van verschillende korreldiameters. Ook is er meestal sprake van een variërende grondwaterstand. Het resultaat hiervan is dat er sprake is van een flinke laagdikte met korrels waarin zich nog vele waterdruppels bevinden daar waar de korrels elkaar raken.

Deze druppels worden door de capillaire waterspanningen op hun plaats gehouden en trekken ieder voor zich op hun beurt met dezelfde capillaire spanning twee korrels naar elkaar toe. Dat gebeurt in alle raakpunten!
Er is nu dus geen sprake van één enkele laag korrels waar het water aan hangt, maar alle korrels trekken elkaar aan en dat ook nog eens in alle richtingen! Dit is de reden waarom je met vochtig zand een redelijk stevige zandbal kan maken.

2.2.2. Meten van de capillaire grondspanning

De capillaire grondspanning van het zand kan je zelf op het strand meten. Komend vanaf zee kom je op een strook strand die er wel nat uitziet maar niet meer zo glimt zoals bij volledig nat zand. Daar waar deze strook overgaat in droog zand, is de plek waar de capillaire grondspanning aan het zandoppervlak maximaal is. Hier wordt het zeewater tussen de korrels als gevolg van de capillaire spanning zover omhoog getrokken dat het water net aan de top van de strandzandlaag blijft hangen.

Als je hier een kuil graaft tot de diepte waar je het grondwaterpeil bereikt dan is de verticale hoogte Hc tussen het grondwaterpeil en de bovenkant van het natte zand een goede maat voor de capillaire stijghoogte Hc in meters waterkolom.
Capillaire stijghoogte wil zeggen: de hoogte tot waar het grondwater tussen de korrels door de capillaire spanning boven het grondwaterniveau omhooggetrokken wordt.

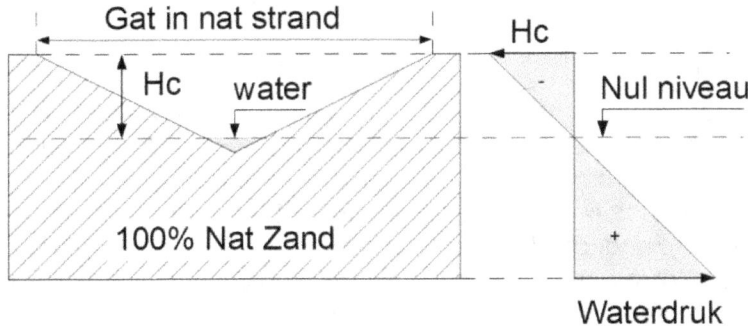

Meting Capillaire Stijghoogte Hc

De gemeten hoogte Hc is de capillaire stijghoogte - of anders gezegd de capillaire waterspanning Sc- in meters waterkolom [mwk]. De "meter waterkolom" staat hier voor een eenheid van drukhoogte uitgedrukt in "meters".

De druk (of waterspanning) Sc onderaan een kolom water met een hoogte Hc en dichtheid Dwater uitgedrukt in "Pascal" is:

$$Sc = Dwater \times g \times Hc \quad [Pa]$$

De dichtheid van water: $\quad$ Dwater = 1000 $\quad$ [kg/m³]
Versnelling van de zwaartekracht: $\quad$ g $\quad$ = 10 $\quad$ [m/s²]

Doordat er een waterkolom met hoogte Hc aan de bovenste laag korrels hangt, is de plaatselijke waterdruk aan de top gelijk aan –Hc [mwk].
De waterdruk is daar dus negatief. Dat betekent dat er sprake is van een onderdruk en er een neerwaartse zuigkracht optreedt. Het grondwater wordt als het ware "omhooggezogen"!

Er heerst dus bovenaan de zandlaag een verticale spanning Sc op de korrels die omlaag is gericht. Deze extra verticale korrelspanning zorgt ervoor dat het bovenste deel van de zandlaag steviger is en lokaal hoger belast kan worden voordat het zand zijdelings gaat bezwijken. Je kunt er dus beter op lopen want je zakt er minder snel doorheen.

<u>Druipzand vormen</u>
Het hier beschreven fenomeen van stabilisatie van zand d.m.v. de steun door de capillaire grondspanning treedt in extreme mate ook op bij het maken van druipzand vormen.
Door op één positie langzaam nat zand uit je handen te laten druipen, stapelen de zandkorrels zich op elkaar terwijl tegelijkertijd het water tussen de korrels heel snel door de zwaartekracht wordt afgevoerd. Het gevolg hiervan is dat er een bergje vochtig zand blijft staan waar net onder het oppervlak de stabiliserende capillaire grondspanning actief is.

De aanwezige capillaire grondspanning heeft twee effecten:

1 Door de capillaire grondspanning wordt het zandbergje gestabiliseerd.

2 Door de capillaire grondspanning wordt het water dat met het zand op de berg druppelt zeer snel afgezogen. De waterdruk direct onder het zandoppervlak is immers negatief!

Zitzak:
Een soortgelijk verstevigend effect door een kleine extra korrelspanning doet zich ook voor in een zogenaamde "zitzak" (Engels: beanbag) gevuld met een licht korrelmateriaal. Dit zijn bijvoorbeeld kleine piep schuim bolletjes of Engelse gedroogde bonen!
Zolang er geen spanning in het oppervlaktedoek werkzaam is, staat er geen druk op de oppervlakte laag van de balletjes. Je kunt de zak in die situatie gemakkelijk vervormen, de korrels bieden namelijk nagenoeg geen weerstand.

Zodra het doek van de zak ook maar ietsje strak staat, terwijl het tegelijkertijd ook een beetje krom gaat staan, dan ontstaat er direct een interne "korrelspanning" binnen in de zak. Hierdoor ontstaat er weerstand en kan je zelfs op de zak gaan zitten als ware het een stoel!

Blijkbaar kan je met de kleine korrelspanning op de balletjes die ontstaat als gevolg van de spanning van het gekromde doek een veel grotere spanning ten gevolge van het gewicht van je lichaam opvangen! We zullen later nog uitgebreid op dit verschijnsel terugkomen.

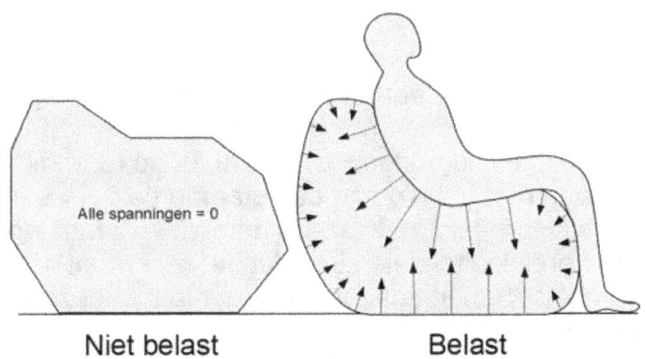

Spanningstoestand in een zitzak

Terug naar het strand:
Stel dat je in de kuil op het strand een capillaire hoogte hebt gemeten van Hc = 0,2 [m].
De capillaire grondspanning is dan: Sc = 0,2 [mwk] of 2 [kPa].

Via de contacten tussen de korrels is deze <u>extra</u> verticale korrelspanning actief als een constante over de gehele diepte van de zandlaag. Bovenaan de zandlaag heeft deze extra verticale belasting naar verhouding het grootste effect, want daar neemt de verticale korrelspanning immers vanaf nul toe naar 2 [kPa]! Op grotere diepte was er al een grote korrelspanning aanwezig en heeft de constante bijdrage van 2 [kPa] dus een relatief geringere invloed.

Verklaart de capillaire spanning ook waarom het een goede gewoonte is om wat water aan zand toe te voegen als je het moet aanstampen (= verdichten) bijvoorbeeld als ondergrond voor een tegelpad?

Met het aanstampen wil je het zand een hogere dichtheid geven zodat het een stevigere ondergrond vormt voor de tegels.
De capillaire krachten van het water helpen immers mee met verdichten?
Of zullen diezelfde capillaire krachten het voor het verdichten noodzakelijke langs elkaar bewegen van de korrels juist tegenwerken?
Om een antwoord te geven op deze vragen kan je de volgende proeven uitvoeren.

Verdichtingsproeven
Voor deze proeven heb je een stevig bakje en een stamper nodig, bijvoorbeeld een ijzeren drinkmok en de steel van een hamer.
Vul de mok in laagjes van ongeveer 2 [cm] tot de rand met zand en verdicht elke laag met behulp van een stampertje door een vast aantal keren, bijvoorbeeld 10 keer, op de nieuwe zandlaag te stampen. Vul het bakje telkens bij totdat het meer dan geheel gevuld en aangestampt is. Schuif dan met een rechte lat het zand vlak af tot aan de bekerrand.
Om de dichtheid van alleen het aangestampte zand in het bakje te bepalen droog je na afloop van het stampen de zandinhoud van het

bakje op een bakplaat in een hete oven van 110 graden. Dit is om al het vocht in het zand te laten verdampen.
Weeg na goed afkoelen het zandmonster op de keukenweegschaal.

Voer deze proef uit op droog en op vochtig zand.
De vochtigheid kan je variëren door aan het droge zand 1 of meer lepels water toe te voegen.
Als je op deze wijze meerdere vochtgehaltes hebt beproefd en van elke proef de bijbehorende dichtheid hebt berekend dan zal je zien dat er een maximale dichtheid optreedt bij een bepaald watergehalte.

NB: Voor een goede onderlinge vergelijkbaarheid van de proeven is het wel van belang dat je het aantal stamp bewegingen per laagje en de laagdiktes gelijk houdt.
De hierboven beschreven test heet: "De Proctorproef".

Tip: wil je straattegels gaan leggen op een zo vast mogelijke zand ondergrond (met de minste kans op verzakking)? Dan kan je het beste het zand met het watergehalte dat hoort bij de maximale dichtheid toepassen!

3. Maximale hoogte van een zandkasteelmuur

Als je een zandkasteel gaat bouwen, is het natuurlijk leuk om deze zo hoog mogelijk te maken en de kans op instorting te minimaliseren. Met de gegevens uit de voorafgaande paragrafen kunnen we een rekenmodel opstellen waarmee we de maximaal mogelijke hoogte ("Hmuur") van een model zandkasteel kunnen berekenen.

Stel dat we medium fijn tot medium grof zand hebben. Dit zand heeft een capillaire spanning Hc = 2 [kPa]. Veronderstel een verticale muur met een hoogte Hmuur gemaakt van bijna 100% nat zand met een dichtheid van Dnat.

Met behulp van een gangbare porositeit n van bijvoorbeeld n = 40 % kunnen we voor zeewater met een gemiddelde dichtheid Dzw = 1025 [kg/m^3] de dichtheid Dnat van het natte zand berekenen:

Dnat = (1-n) x 2650 + n x 1025 = 2000   [kg/m^3]

Aan de voet van de muur kan de verticale korrelspanning Sv als gevolg van het gewicht van een muur met hoogte Hmuur worden berekend met de formule:

Sv = Dnat x g x Hmuur   [N/m^2]

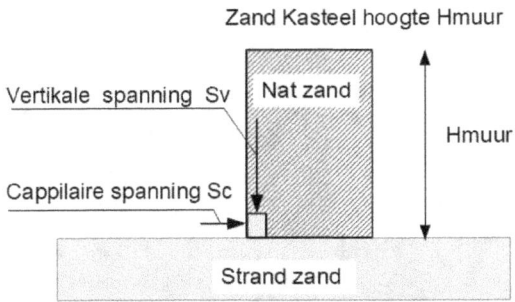

Spannings model in kasteelmuur

De vraag die voorligt:
We willen graag weten bij welke maximale hoogte de muur zal instorten. De hoogte van de muur bepaalt de verticale korrelspanning Sv in het zand. De grootste verticale korrelspanning treedt op aan de onderkant van de muur.
De vraag is wat de maximaal toelaatbare verticale korrelspanning Sv is waarbij het zand aan de voet van de zandmuur zal bezwijken, gegeven de beschikbare horizontale capillaire steunspanning Sh = Sc.
Dus de vraag is: wat is de maximale verhouding Sv/Sh?

Om deze vraag te beantwoorden moeten we in de volgende paragraaf eerst wat basiskennis van de "grondmechanica" doornemen.

Grondmechanica is de leer van de mechanica van de grond. Daarin worden grondeigenschappen beschreven en de manier waarop daarmee gerekend kan worden aan onder andere de sterkte van de grond.

Het begrip grond staat voor zand, klei en rots. In ons geval beperken wij ons tot zand. Dit voor leken naar verwachting wat moeilijker tekstgedeelte is beperkt tot 4 pagina's, dus het einde is snel in zicht!

3.1. Basiskennis grondmechanica

De eigenschappen van grond kunnen het best worden begrepen door monsters van grond te nemen en deze als model te gebruiken voor onderzoek.

In dit geval van strandzand gaan we uit van een denkbeeldige kubus van droog zand met een horizontaal onder- en bovenvlak en 4 loodrecht op elkaar staande verticale zijvlakken. Een dergelijk vlak door een korrelmedium is denkbeeldig want het doorsnijdt een groot aantal korrels. Dit in tegenstelling tot een wand van een kubusvormige bak met zand waar alle korrels tegen de wand aan liggen.

In gedachten plaatsen we een horizontale spanning Sh loodrecht op deze zijvlakken en een verticale spanning Sv loodrecht op het onder en boven vlak.

Spanningen loodrecht op een vlak noemen we normaalspanningen en spanningen in een vlak noemen we schuifspanningen.

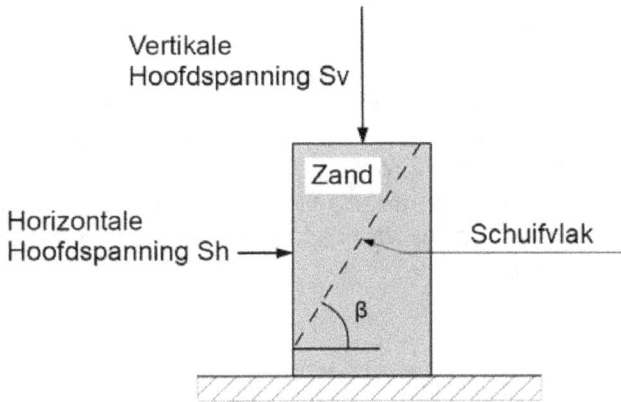

Spanningsmodel bezwijkend zand

Als er op een vlak geen schuifspanning staat maar alleen een normaalspanning, dan noemen we deze spanning een "hoofdspanning". De spanningen Sh en Sv zijn dus beiden "hoofdspanningen".

Als we de verticale spanning Sv opvoeren bij een gelijkblijvende horizontale spanning Sh dan zal op een gegeven moment het bovenvlak van het monster inzakken. Denk hier bijvoorbeeld aan een zwaar beladen vrachtauto die over een zandweg rijdt en waarvan de banden in het zand wegzakken. We noemen dat inzakken van het zand "bezwijken".

Er ontstaat in het monster een schuin afschuifvlak onder een hoek β waarlangs het bovenste gedeelte van het monster omlaag afschuift. We noemen dit schuine vlak het "bezwijkvlak".

Vraag:
Als de verticale hoofdspanning Sv toeneemt, wat is dan de maximaal mogelijke waarde van de verhouding Sv / Sh op het moment van het bezwijken van het zand?

Cirkel van Mohr:
Om deze vraag te beantwoorden, maken we gebruik van de theorie van de Cirkel van Mohr. In deze theorie wordt elke spanning in het zand op een vlak in dat zand weergegeven als twee samengestelde pijlen in een figuur vanuit de oorsprong naar een punt op een cirkel. Een van de pijlen stelt de normaalspanning voor en de andere pijl de schuifspanning op het betreffende vlak. De oorsprong ligt op het beschouwde zandoppervlak waarop de beide spanningen werken. Zie de figuur hieronder.

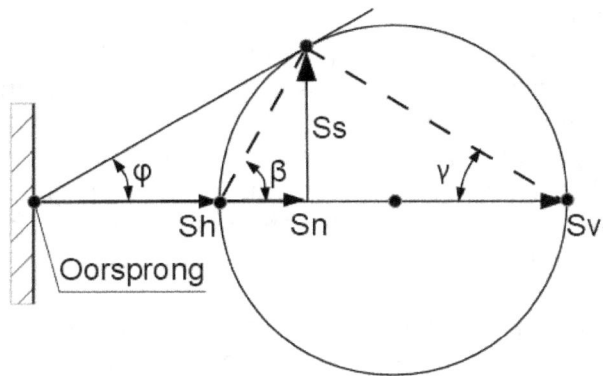

Cirkel van Mohr spanningsmodel voor bezwijkend zand

Het meest linkse punt van de cirkel bij Sh wordt het "Richtingen centrum van de vlakken" genoemd en dat punt geeft de kleinste hoofdspanning Sh op een vertikaal vlak weer. Het meest rechtse punt bij Sv geeft de grootste hoofdspanning Sv op een horizontaal vlak weer.

De spanning op een vlak in het zand dat onder een zekere hoek β staat met de richting van de horizontale hoofdspanning Sh, vind je door in de cirkel van Mohr vanuit dit richtingen centrum punt bij Sh een lijn onder diezelfde hoek β met de horizontale as te tekenen.
In het 2de snijpunt met de cirkel vind je dan de spanningstoestand als gevolg van de normaalspanning Sn en de schuifspanning Ss die op dat vlak werken.

In de figuur zijn de twee hoofdspanningen Sv en Sh op de horizontale as getekend. Beiden werken loodrecht op een respectievelijk horizontaal en het verticaal vlak door het zand. Deze vlakken zijn beiden weergegeven met het vlak verticaal door de oorsprong aan de linkerkant van de figuur. De arcering links van deze verticale lijn stelt het zand voor dat achter het vlak ligt en waarop de normaalspanning Sn en schuifspanning Ss werken.

Strand Wetenschap: zand, water en golven   ©GLMvdSchrieck2021

Als Sv gelijk is aan Sh dan heeft de cirkel een diameter D = 0. Door toename van Sv of afname van Sh wordt de diameter D van de cirkel groter. Er treedt bezwijken van het zand op zodra de diameter D van de cirkel zo groot wordt dat de cirkel gaat raken aan de zogenaamde "bezwijkomhullende" lijn onder de hoek φ. Op dat spanningspunt geldt een hoek β voor het afschuifvlak en staat er een normaalspanning Sn op dat vlak en heerst de schuifspanning Ss in hetzelfde vlak. Alle cirkels onder de bezwijkomhullende lijn zijn stabiel. Zodra de bezwijkomhullende wordt geraakt dan treedt er bezwijken van zand op.

Voorbeelden van spanningen op vlakken onder andere hoeken:
- Horizontaal vlak onder hoek β = 0 → Spanning op dat vlak is Sv
- Verticaal vlak onder hoek β = 90 gr. →Spanning op dat vlak is Sh

De in de figuur getekende gearceerde lijn onder hoek β komt uit in het raakpunt met de bezwijkomhullende lijn waarbij bezwijken van zand optreedt:
Op het vlak onder hoek β heersen dan de bezwijk normaalspanning Sn en de bezwijkschuifspanning Ss.

Uit het voorafgaande blijkt dat de Cirkel van Mohr voor de bezwijktoestand door drie punten loopt:

1: de horizontale hoofdspanning Sh op de horizontale as
2: de verticale hoofdspanning Sv op de horizontale as
3: het raakpunt met de bezwijkomhullende lijn onder de hoek φ

Hiermee is de grootte en ligging cirkel bekend en kan de verhouding van de hoofdspanningen Sv / Sh als functie van hoek φ worden afgeleid:

$$Sv/Sh = (1 + \sin(\varphi)) / (1 - \sin(\varphi))$$

We weten hiermee hoe groot de verhouding tussen de beide hoofdspanningen maximaal kan zijn op het moment van bezwijken van het zand. Tot nu toe hebben we bezwijken door een verticale overbelasting door toename van Sv (of afname van Sh) beschouwd.

Bezwijken door horizontaal gerichte overbelasting van Sh:
De vraag is wat er gebeurt als we de horizontale spanning Sh zodanig opvoeren (of de verticale spanning Sv laten afnemen) dat de verhouding Sh/Sv van de twee hoofdspanningen dezelfde maximumwaarde als hiervoor bereikt. Het blijkt dat er dan ook bezwijken van het monster optreedt! Denk bij deze vorm van bezwijken aan het effect van een bulldozer die tegen een berg zand duwt. Het zand voor het bulldozerblad bezwijkt en schuift naar boven af terwijl het bezweken zand een zand berg voor het bulldozerblad vormt.

Actief en passief bezwijken:
Er zijn dus twee situaties van bezwijken van grond mogelijk, elk met een eigen afschuifvlakhoek! Bij de eerste vorm van verticaal bezwijken, werkt de zwaartekracht mee om het monster te laten bezwijken. We noemen daarom deze vorm van bezwijken: "actief" bezwijken.

In het tweede geval (de bulldozer) duwen we met de horizontale spanning Sh een deel van het monster omhoog tegen de werking van de zwaartekracht in. Het monster verzet zich dus passief tegen bezwijken. We noemen deze vorm van bezwijken dan ook: "passief" bezwijken.

1 Verhouding Sv/Sh bij actief bezwijken:
Met φ = 30 graden is deze verhouding:

$$Sv / Sh = 3$$

In dit geval is de verticale spanning Sv groter dan Sh op het moment van bezwijken en werkt de zwaartekracht mee met de afschuifbeweging tijdens bezwijken. De grond wordt met de hulp van de zwaartekracht mee langs het afschuifvlak omlaag gedrukt.
Dat geval van bezwijken noemen we "actief bezwijken", wat betekent dat de zwaartekracht actief mee werkt.
Het afschuifvlak maakt daarbij een hoek β met de horizontaal:

$$\beta = 45 + \varphi/2 = 60 \text{ [graden]}$$

2 Verhouding Sh/Sv bij passief bezwijken:

De tegenovergestelde situatie is wanneer de horizontale hoofdspanning Sh de grootste en de verticale hoofdspanning Sv de kleinste hoofdspanning is. Dit resulteert in de verhouding:

$$Sh/Sv = 3$$

Hierbij wordt de grond tegen de zwaartekracht in langs het afschuifvlak omhoog gedrukt. Dit noemen we "passief bezwijken". Het afschuifvlak maakt een hoek γ met de horizontaal:

$$γ = 45 - φ/2 = 30 \text{ [graden]}$$

Deze situatie treedt op bij een bulldozer die tegen een uitgestrekte horizontale laag zand aandrukt. De laag geeft als geheel niet mee. De bulldozer drukt alleen het eerste deel van de laag voor zich uit, niet horizontaal maar schuin omhoog langs een afschuifvlak onder de hoek γ = 30 graden.

Conclusie:

De verhouding Sv/Sh hangt af van de aard van bezwijken:
- bij actief bezwijken is deze verhouding gelijk aan 3
- bij passief bezwijken gelijk aan 1/3

3.2. Terug naar de zandkasteelmuur

We hebben nu geleerd dat zand met een hoek van inwendige wrijving φ = 30 graden bezwijkt als een van de hoofdspanningen zodanig wordt opgevoerd (of verlaagd), dat de verhouding tussen beide hoofdspanningen groter wordt dan 3 of kleiner dan 1/3.

We kunnen deze eenvoudige regel toepassen op de verhouding Sv/Sh aan de onderkant van onze muur. Bij het bouwen van de muur zal Sv toenemen. Om bezwijken te voorkomen mag de verhouding Sv/Sh echter volgens bovenstaande regel niet toenemen boven de waarde 3. Aan de onderkant van de muur zal Sv tijdens het bouwen door het toenemende gewicht van de muur toenemen. Omdat de zwaartekracht meewerkt met de richting van bezwijken is er in dit geval dus op het moment van bezwijken van de muur sprake van actief bezwijken. Het moment van bezwijken is daarmee het moment waarop de verhouding Sv/Sh groter wordt dan 3.

Voor de horizontale spanning Sh nemen we de capillaire spanning:

$$Hc = 2 \ [kPa]$$

We hogen in gedachten de muur op, dus we verhogen de verticale spanning Sv. De maximaal verticale spanning Svmax, waarbij bezwijken optreedt, wordt nu:

$$Svmax = 3 \times Sh = 3 \times Hc$$

We kunnen de verticale spanning Svmuur ook schrijven als functie van de hoogte Hmuur van de muur:

$$Svmuur = Dnat \times g \times Hmuur$$

Het combineren van de laatste twee vergelijkingen levert:

$$\begin{aligned} Hmuur &= 3 \times Hc \ / \ (Dnat \times g) \\ &= 3 \times 2000 \ / \ (2000 \times 10) \\ &= 0{,}3 \quad [m] \end{aligned}$$

Dit rekenresultaat betekent dat er maximaal 30 cm hoge stabiele kasteelmuren kunnen worden gebouwd!

Als we ander zand nemen, bijvoorbeeld het veel fijnere silt met een 5 x hogere kritische capillaire grondspanning Hc van ongeveer 10 [kPa] of 1 [mwk], dan kunnen we onze verticale muur 5 keer hoger bouwen, dus tot wel tot 1,5 [m]!

Conclusie:
Voor het kunnen bouwen van hoge zandkastelen is het erg belangrijk dat het strand zand niet te grofkorrelig is. Het mooiste strand voor zandkastelen is een strand met fijn zand.
Fijn zand heeft een kleine korreldiameter met kleine poriën en daardoor een hoge capillaire spanning. Dit maakt hoge kasteelmuren mogelijk.
Het is dus van groot belang om van te voren na te gaan wat op je vakantie bestemming de korreldiameter van het strandzand is!

4. De berging van een gestrand schip

Soms komt het voor dat een schip op een zandbank of strand vastloopt. Meestal ligt het schip dan met zijn boeg op het strand terwijl de achterkant van het schip nog drijft. Dit is ook het geval met kleinere boten die voor de visserij langs het strand worden gebruikt. Bij gebrek aan een echte haven wordt de boot met de boeg zo ver mogelijk op het strand getrokken.
Soms is het weer lostrekken van de boot moeilijk door de grote wrijvingskracht tussen het zand en de boot, bijvoorbeeld doordat het Eb is geworden.

Dit probleem kan je oplossen door handig om te gaan met het fenomeen van het bezwijken van het zand onder de boot. De truc is om de boot rond de boeg te laten draaien terwijl je de boeg van de boot naar zee duwt.

Waarom dit een slimme truc is volgt uit onderstaande beschouwing:

Door aan de achterkant van de boot dwars heen en weer te gaan trekken kan je een rotatie beweging rondom de boeg in gang zetten. Zodra de boot roteert, is het zand ter plaatse bezig met afschuiven en is in het zand onder de boeg de bezwijktoestand van het zand bereikt.
Voor een extra zijdelingse beweging van de boeg hoeft dan niet meer eerst deze bezwijktoestand te worden gemaakt. Dit betekent dat elke extra horizontale kracht op de boeg direct ook een extra beweging in de richting van die kracht zal veroorzaken.
De boeg kan zo met een relatief geringe extra kracht terug naar de zee worden bewogen!

Ter verduidelijking: Het zelfde verschijnsel treedt op bij het uit de grond trekken van een ronde pin. Door de pin te roteren wordt het zand rond de pin in de bezwijktoestand gebracht en is de verticaal benodigde trekkracht aanzienlijk lager!

Voorbeeld: De stranding van de Ever Given

Een recent voorbeeld waarbij deze truc op grote schaal is toegepast is de stranding van de Ever Given in het Suez kanaal. Dat schip is met zijn boeg vele meters diep in de kant van het Suez kanaal gevaren. Laten we eens het effect berekenen van de hiervoor beschreven rotatie truc op de gestrande Ever Given.

De Ever Given is 400 m lang en 60 m breed en ligt met ca 60m van zijn lengte in de kant van het kanaal.
De massa van dit schip is 220.000 ton en een schatting van de verticale kracht waarmee de boeg op het zand drukt is 20.000 ton. Met een wrijvingshoek voor zand van φ = 30 graden volgt dan met tan(30) = 0,5:

Afschuifkracht F = 0,5 x 20.000 = 10.000 ton

Het oppervlak waarmee de boeg op het zand ligt is orde van grootte:

O = 60 x 60 = 3600 m^2

Omdat we het schip gaan roteren, kunnen we het schuifvlak het beste benaderen met de vorm van een cirkel met hetzelfde oppervlak O:

O = 1/4 x pi x D^2

Met D = wortel(4 x 3600 / pi) = 68 [m] zijn beide oppervlakken aan elkaar gelijk.

Als we aannemen dat de schuifkrachten onafhankelijk van de snelheid zijn, dan zijn de schuifkrachten binnen deze cirkel constant per oppervlakte eenheid. De richting van de lokale afschuifkrachten staat overal loodrecht op de straal van de cirkel. We kunnen de cirkel opgebouwd zien uit vele kleinere parten elk met een totale afschuifkracht van ΔF.

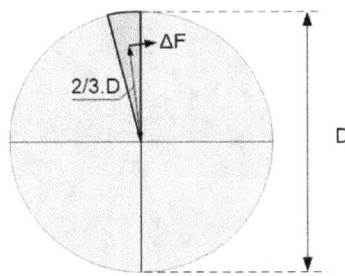

Cirkel onder de boeg opgedeeld in kleinere parten

We hebben hierboven al een schatting gegeven voor de totale afschuifkracht F ter grootte van 10.000 [ton].
Tijdens de rotatiebeweging is er over de gehele cirkel sprake van de bezwijktoestand en is dus dezelfde totale schuifkracht actief.
De afschuifkrachten ΔF werken hier echter als een koppel rondom het middelpunt van de cirkel met straal D.
Elke part kunnen we benaderen met een driehoekige vorm met een zijde lengte ter grootte van de straal D/2 = 34 [m].
De afschuifkracht ΔF van elk part grijpt aan in het zwaartepunt van de driehoek. Dat ligt op 2/3 van de straal of op 22,6 [m] van het middelpunt van de cirkel. Het door de totale schuifkracht van 10.000 ton geleverde koppel M wordt nu:

$$M = 10.000 \times 22,6 = 226.000 \text{ [ton} \times \text{m]}$$

Het schip is in totaal 400 [m] lang dus de afstand tussen het hart van de afschuifcirkel onder de boeg en de bolders op het achterdek is ca 350 m. Om het koppel voor de afschuifkrachten te leveren is aan de achterzijde van het schip een dwars op het schip gerichte trekkracht Fhek nodig ter grootte van:

$$F_{hek} = 226.000 / 350 = 645 \text{ [ton]}$$

Deze kracht is aanzienlijk minder dan de trekkracht van Fboeg = 10.000 ton die je nodig zou hebben om de boeg vlot te trekken zonder de rotatie beweging! Dat is dan ook de methode die bij de Ever Given is toegepast.

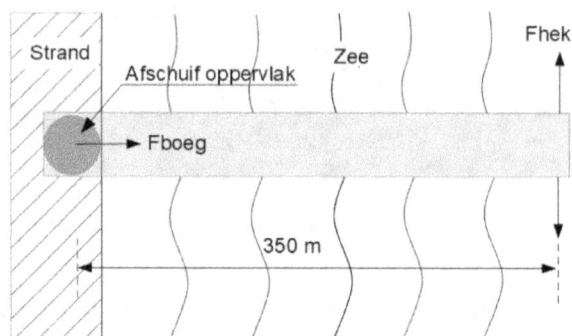

Principe van de "rotatie-methode"

Proef op de som:
De hiervoor geschetste oplossing kan je eenvoudig nabootsen in een proef met een modelschip op kleine schaal. Omdat er zand en water wordt gebruikt kan je deze proef het beste buiten op een tuintafel uitvoeren.

De proefopstelling:
De proefopstelling is hieronder weergegeven in een plaatje. Als eerste maak je een model van het schip. Hiervoor kan je een 2 cm dikke plank van 12 cm breed en 80 cm lang nemen. Deze plank fungeert als model van het schip op lengteschaal 1:500.

Om de lostrekkracht – of de kracht die je nodig hebt om het schip naar achteren los te trekken - op eenvoudige wijze op het modelschip te kunnen aanbrengen moet je het modelschip dwars op de rand van de tafel liggen.

Leg de voorkant (boeg) zijde van het modelschip op een laagje droog zand en de achterkant (hekzijde) op rollen, bv ronde potloden. Leg eerst twee rollen in de dwarsrichting van het modelschip zodanig dat je het schip gemakkelijk over deze rollen naar achteren kan bewegen.

Leg vervolgens een dun plaatje (bv triplex) op deze rollen en leg op dat plaatje nog een rol maar dan in de lengterichting van het modelschip, zodat de achtersteven gemakkelijk heen en weer kan worden bewogen (zie de tekening hieronder).

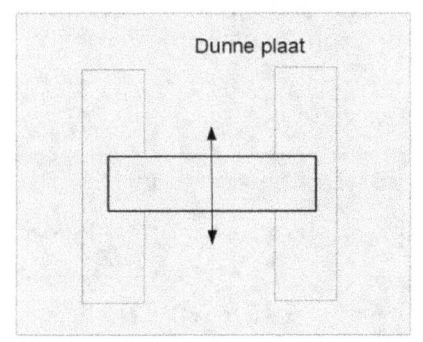

Bovenaanzicht

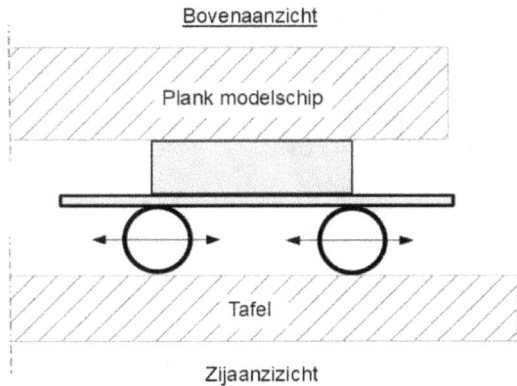

Zijaanzizicht

Zorg er voor dat de dikte van de zandlaag en het rollen pakket ongeveer gelijk is.

Monteer aan de voorkant van het modelschip bij de boeg een spijker met daar aan een soepel touwtje van ongeveer 1 m lang. Bevestig aan dat touwtje een gewicht in de vorm van een plastic waterfles. Laat de fles aan het touwtje over de rand van de tafel hangen. Door de fles tot een bepaald niveau te vullen kunnen we de sleepkracht in het touwtje variëren. Zet met viltstift een centimeter verdeling op de fles met de nulwaarde bij de bodem van de fles.

De tafelrand moet wel zo glad mogelijk zijn zodat de gehele gewichtskracht van de fles op de boeg werkzaam is.
Maak eventueel van Lego een goed geleidend wieltje dat je monteert op een stevige hoekvorm van Lego. Door de krachten in het touwtje wordt de hoek vanzelf tegen de hoek van de tafel aan gedrukt.

De verticale kracht waarmee de boeg van het modelschip op het zand drukt kunnen we ook eenvoudig variëren met behulp van een tweede plastic waterfles met centimeter verdeling. Deze zetten we op de boeg.

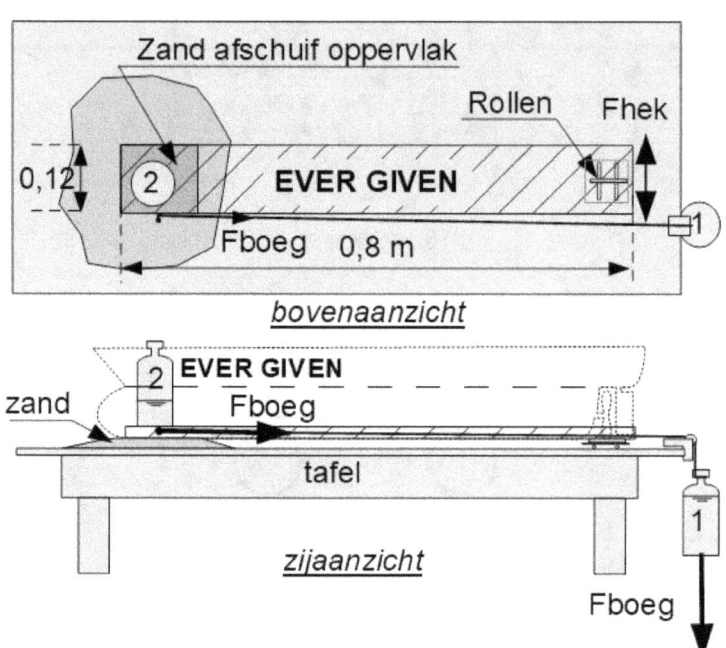

Proefuitvoering
Stap 1:
Begin eerst met een proef waarbij je de hangende fles geheel hebt gevuld en de fles op de boeg nog leeg is.
Als na het aanbrengen van de sleepkracht Fboeg als gevolg van de volle fles aan het sleeptouw te laten hangen het schip niet in beweging komt dan moet je een grotere fles aan het sleeptouw hangen zodat er wel beweging optreedt.

Stap 2:
Vul de fles 2 op de boeg bijvoorbeeld 3 cm bij en kijk of het schip na het aanbrengen van de sleepkracht Fboeg als gevolg van de hangende volle fles 1 nog steeds in beweging komt.
Herhaal deze test met stap voor stap bijvullen van fles 2 totdat er net geen beweging meer in het schip komt.

Zodra er net geen beweging meer in het schip komt dan hebben we het maximum totaal gewicht van de boeg bepaald dat we nog maar net met de volle hangende fles 1 kunnen vlottrekken.

Stap 3:
We gaan nu het effect van de rotatiebeweging testen:
Verminder de vulling van de hangende fles bijvoorbeeld met de helft en ga de plank boven de rol heen en weer bewegen.
1. Als er geen beweging in de richting van het sleeptouw optreedt, verhoog je het waterniveau in de hangende fles en voer je de test opnieuw uit.
2. Als er wel beweging optreedt, verlaag je het waterniveau in de hangende fles en voer je de test opnieuw uit.

Herhaal deze test totdat er net geen beweging meer in de sleeprichting optreedt.

Stap 4:
Bepaal het waterniveau dat aan het einde van stap 3 nog in de hangende fles aanwezig is en weeg op een keukenweegschaal het gereduceerde gewicht (G_{red}) van deze hangende fles.
Bepaal ook het gewicht G_{vol} van een volle fles.
Bereken de reductiefactor $K_{reductie}$ in de benodigde sleepkracht om het modelschip los te trekken:

$$K_{reductie} = G_{red} / G_{vol} \times 100\%$$

Zie hier het bewijs van de stelling:

"Wie niet sterk is moet slim zijn!"

5. Gedrag van zand onder water

5.1. "Droge" voetafdrukken in het natte zand

Als je langs de kustlijn over het nog natte zandgedeelte loopt, zie je rond elke voetstap een gebiedje tijdelijk "droog" worden.
Je voet zakt (aanvankelijk) vrijwel niet weg in de zandlaag.
Wat is de oorzaak van dit verschijnsel?

Wat gebeurt er in het zand:
Zand heeft een bepaalde graad van verdichting, variërend van zeer los tot zeer dicht. Droog zand dat door de wind wordt weggeblazen en in de duinen is neergestreken, is zeer los gepakt. Zand in de golfzone langs de kustlijn is dicht gepakt omdat het is verdicht door de golfslag.

Het gedrag van zand verschilt sterk, afhankelijk van de mate waarin het verdicht is. Bij verdicht zand passen de korrels goed in elkaar. Ze kunnen niet gemakkelijk langs elkaar heen schuiven waardoor het zand steviger in elkaar zit.
Bij los gepakt zand liggen de korrels verder van elkaar af en een volume van dat zand zit daardoor minder stevig in elkaar.

Als zand onder je voet wordt belast zodat het gaat bezwijken dan treden er meerdere bezwijk afschuifvlakken op. Er is dan eerder sprake van een afschuifzone of bezwijkgebied in plaats van een bezwijkvlak.

Bij vast gepakt zand gaat het afschuiven tijdens het bezwijken moeilijker dan bij losgepakt zand. Bij vast gepakt zand moet er eerst extra ruimte tussen de korrels worden gemaakt voordat zij over elkaar kunnen afschuiven. Er moet dus eerst een toename ΔV van het poriën volume V optreden voordat afschuiving kan plaatsvinden.

Dit effect van toename ΔV van het poriën volume V veroorzaakt door afschuiving heet:
"Dilatantie"

De parameter om dilatantie te beschrijven is: "Δn".

Δn wordt gedefinieerd als de relatieve toename $\Delta V / V$ van het totale zandvolume V (vaste stof plus poriën) tot volume $V + \Delta V$.

$$\Delta n = \Delta V / V \times 100 \quad [\%]$$

Een normale waarde voor Δn is 20%.

Definitie figuur voor Dilatantie $\Delta n = \Delta V/V = 20\%$

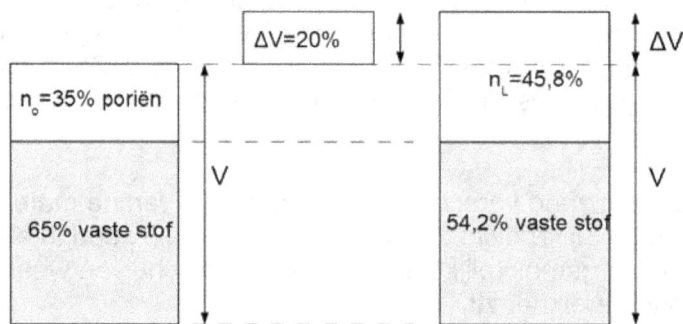

Compact zandmonster + ΔV tgv Dilatantie = Los zandmonster

In droog zand wordt de vorming van Δn niet erg belemmerd omdat lucht gemakkelijk tussen de korrels door in het zand kan binnenstromen.
Bij nat zand echter is het creëren van die extra ruimte in het zand lastiger omdat de instroom van water veel minder gemakkelijk is dan van lucht. Dit wordt veroorzaakt door de beperkte waterdoorlatendheid van zand.

Op het natte strand onder je voeten is er ook nog een extra verschijnsel actief dat de instroom van lucht naar de afschuifzones belemmert:
                     De capillaire grondspanning

De capillaire grondspanning is actief aan het natte strand oppervlak en zorgt ervoor dat er moeilijk lucht vanaf het zand oppervlak kan worden aangezogen. Tijdens het optreden van de dilatantie onder je voet neemt daar het porie volume toe en wordt er water naar dat gebied onder je voet aangezogen uit de omgeving. Daarbij wordt er ook aan het natte zand oppervlak water naar omlaag aangezogen waardoor het zand oppervlak "droog" getrokken wordt. Echter aan het zand oppervlak wordt de capillaire spanning geactiveerd zodra het waterniveau 1 korreldikte omlaag is gezogen. Vervolgens blijft het water aan de bovenste laag korrels hangen, maar ziet het oppervlak naast je voet er wel droger uit dan de omgeving!

Het zand oppervlak ziet er "droog" uit omdat er in de poriën tussen de bovenste zandkorrels aan het zandoppervlak lucht zit en het water aan de onderkant van deze korrels hangt.

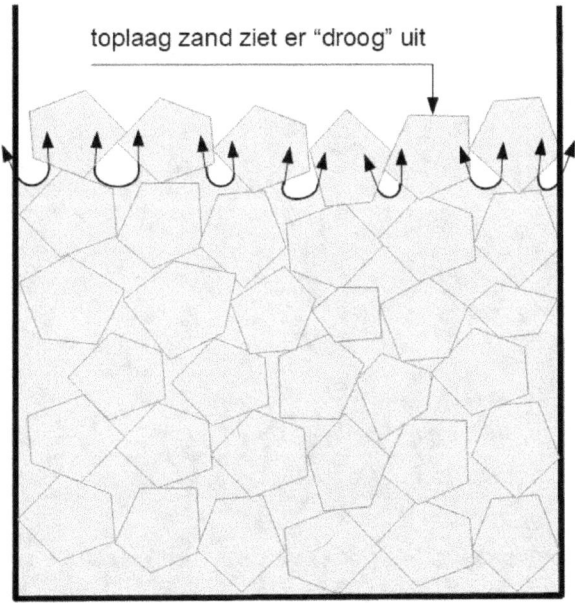

Capillaire grondspanning als gevolg van Δn-effect

Deze situatie blijft zo totdat in het gebied onder de voet de volledige Δn is bereikt en het zand in een los gepakte toestand is gekomen en er geen water meer wordt aangezogen.

De extra verticale korrelspanning als gevolg van de capillaire grondspanning, waarmee het grondwater aan de bovenste laag korrels hangt, zorgt tevens voor de opbouw van extra korrel-spanningen in het zand onder je voet en voorkomt daarmee dat je voet dieper in het zand wegzakt (denk aan de factor 9 uit par. 2.8!). Daardoor voelt het zand stevig aan! Dit effect zal sterker zijn bij personen met een groot gewicht omdat die een groter gebied (lees volume) zand onder hun voet laten afschuiven.

NB. Dit effect houdt slechts een beperkte tijd aan. Zodra het extra poriënvolume ΔV van onder en zijdelings uit de omgeving van het Δn gebied onder je voet is aangezogen dan zal de toestroom van grondwater stoppen. Hierdoor zal ook de wateronderdruk tot nul afnemen en de tijdelijke verhoging van de korrelspanning stoppen. Het resultaat is dat je voet daarna wat verder in het zand zal wegzakken.

5.2. Goocheltruc met water en zand

Het verschijnsel van de dilatantie bij zand is bij weinig mensen bekend. We kunnen het dus inzetten om mensen te verrassen met vreemde verschijnselen. Een goede mogelijkheid daarvoor is het gebruiken van dilatantie om het volume in een rubberen bal te laten toenemen. Daarmee kunnen we de volgende goocheltruc uitvoeren:

Voorbereidende werkzaamheden:
Het enige dat je voor deze truc nodig hebt is een rubberen bal met een opening aan één kant en een plastic doorzichtige buis die in de opening van deze rubberen bal past. Zie de tekening hieronder.
Vul de rubberen bal volledig met water en verdicht zand en monteer vervolgens de buis. Er mag geen zand in de buis zichtbaar zijn maar de bal moet wel geheel gevuld zijn. Houd de bal en de buis rechtop en vul de buis voor de helft met water bij.

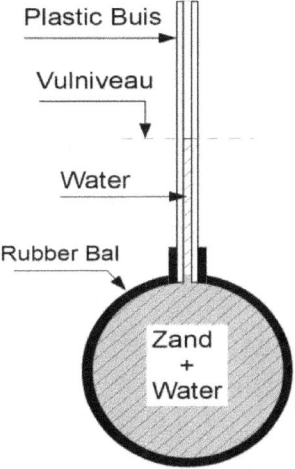

Uitvoering van de goocheltruc:
Vraag aan het publiek: "Wat gebeurt er met het waterpeil in de buis als ik in deze bal knijp?" Ze zullen allemaal zeggen dat het omhoog zal gaan. Knijp nu in de bal en het waterpeil gaat naar beneden! Er verdwijnt dus water!?

Uitleg:
Wanneer je in de bal knijpt, zal het zand in de bal bezwijken en daarbij zullen vele afschuifvlakken optreden. Het afschuiven van het vast gepakte zand veroorzaakt in het zand het dilatantie effect.
De korrels gaan verder uit elkaar staan en daardoor neemt het volume van het zand in de bal toe. De bal wordt dus uitgerekt door de korrelspanning tegen de binnen wand. Het volume in de rubberen bal wordt groter en daarmee wordt het porie volume groter en dus wordt het water uit de buis in de bal gezogen!

5.3. Het poces van zandwinning

Een ander fenomeen bij zand onder water is het ontstaan van "walletjes"bij zandwinning. Het winnen van zand gebeurt meestal onder water met behulp van een drijvende zandzuiger. Meestal vindt een dergelijke zandwinning plaats in een meer of in een rivier. De drijvende zuiger zuigt het zand met water op van de bodem en stort dit in een varende bak die langszij ligt. Het is ook mogelijk dat het opgezogen zand-water mengsel direct via een lange drijvende leiding met daarna een vaste landleiding naar een stort locatie op het land wordt gepompt. In het geval van de varende bak is de transportafstand groter en wordt deze zodra de bak vol is naar de plaats gevaren waar de bak gelost wordt.

De drijvende zuiger is uitgerust met een verticaal beweegbare zuigbuis en een pompsysteem. Het winnen van zand onder water gebeurt met deze zuigbuis waarbij deze een diepe zuigput maakt. De vorm van deze zuigput, die op 1 positie wordt gemaakt, is die van een omgekeerde puntmuts (kegel). Er wordt gestreefd naar een zo diep mogelijke put zodat het zand leverende oppervlak van de put zo groot mogelijk is. Het zand komt los van het zandoppervlak van de put en stroomt vermengd met water omlaag naar de zuigmond van de zuigbuis.

Wanneer de zuigmond een bepaalde diepte heeft bereikt en voor langere tijd op die diepte wordt gehouden, dan produceren de hellingen van de zuigput uiteindelijk geen zand meer omdat de hellingen een stabiele rusthoek (< hoek van inwendige wrijving) hebben bereikt.

Wanneer je na dit moment de zuigbuis weer wat dieper in het zand steekt dan zie je onderaan de helling een kleine verticale wand ontstaan in het kegelvorig oppervlak van de helling van de put.

Deze wand wordt ook wel een "walletje" genoemd en produceert in de vorm van een soort "zandwaterval" los zand dat vervolgens langs de zuigputhelling omlaag stroomt en via de mond van de zuigbuis wordt opgezogen.

Het verticale walletje loopt langzaam langs de helling omhoog en stopt zodra hij de bovenkant van de zuigput heeft bereikt.

Je kunt meerdere walletjes tegelijkertijd langs de helling van de put omhoog laten lopen. Dit doe je door de zuigmond kort na elkaar telkens wat dieper in het zand te steken.

Het proces van zand losmaken met behulp van walletjes achter elkaar noemen we het "bresproces". Het maken van nieuwe walletjes kan door de zuigmond omlaag te brengen. Zodra echter de maximaal haalbare zuigdiepte is bereikt dan wordt de zuigmond horizontaal naar voren bewogen en ontstaat er een lange geul. Nadat het einde van de geul is bereikt wordt een nieuwe geul naast de oude geul gemaakt.

In onderstaande figuur zijn drie walletjes aangegeven die op drie tijdstippen, respectievelijk t1,t2 en t3, zijn gemaakt door de zuigbuis telkens iets dieper te stellen. In de figuur is de wal van t3 al op ¼ lengte van de helling aangekomen en is de wal van t1 al bijna boven aan de helling aangekomen. Na enige tijd zal walletje 3 ook boven aan de helling zijn aangekomen en zal het proces stoppen.

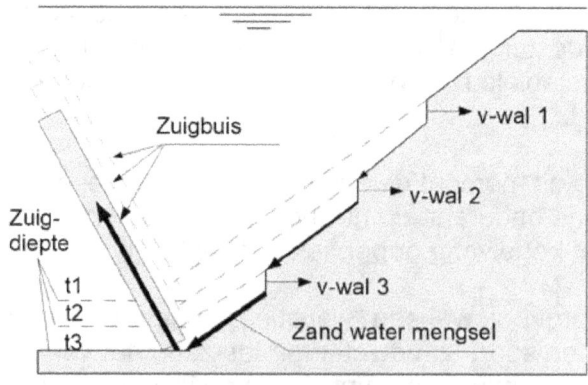

Walletjes met snelheid v-wal in een zuigput

Walletjes proef op het strand:
Je kunt op het strand een proef met een walletje doen.
Graaf hiervoor een kuil zo diep dat er een flinke laag helder grondwater in komt te staan.
Graaf het laatste gedeelte in het midden van de kuil voorzichtig uit zodat er een mooie stabiele onderwater zandhelling blijft staan.
Ga nu met je hand in het midden van de kuil naar de onderkant van deze zandhelling en schep voorzichtig een beetje zand uit de helling.
Je ziet dat er een verticaal gat in de helling is ontstaan en dat de verticale wand, een walletje, langs de helling omhoog loopt!

Relatie tussen de walletjes snelheid en de doorlatenheid k0
Het interessante is nu dat de horizontale snelheid waarmee de walletjes richting de zijkant van de zuigput bewegen alleen afhankelijk is van de doorlatendheid k0 van het nog ongestoorde zand.

Uit veel laboratorium experimenten is de volgende formule voor de horizontale snelheid v-wal als functie van de oorspronkelijke doorlatendheid k0 van het zand afgeleid:

$$V\text{-wal} = 30 \times k_0 \quad [m/s]$$

De snelheid V-wal is de snelheid waarmee het nog ongestoorde zand wordt omgezet in een zand watermengsel dat naar de zuigmond stroomt en daar wordt opgezogen. Daarmee bepaalt het samen met het oppervlak van de zuigput ook de totale zuigproductie van zand in de put.

De doorlatendheid k0 van zand is de snelheid waarmee water onder invloed van een zekere drukval door het zand kan stromen. Deze doorlatendheid hangt weer af van de korreldiameter, hoe groter de korreldiameter hoe groter de doorlatendheid en hoe groter V-wal en dus hoe groter de zandproductie.

5.4. Bresproef in een waterfles

Je kunt het bresproces met de walletjes ook zelf nabootsen. Dit doe je door een grote, doorzichtige lege fles voor 1/3 tot 1/2 te vullen met zand en deze af te vullen met helder water.
Sluit de fles vervolgens goed af.
Houdt de fles eerst rechtop en klop met de bodem van de fles voorzichtig op de tafel, zodanig dat het zand heel goed verdicht wordt.
Kantel vervolgens de fles snel over 90 graden (dus leg hem plat) en kijk goed naar wat er gebeurt: (zie ook de figuur hieronder)
De kant van het zand dat grenst aan het water (de linker kant) begint met afregenen van zand en het oppervlak van het zand beweegt langzaam naar rechts, de bodem van de fles. De linkerkant van het zand gedraagt zich dus als een walletje zoals hiervoor beschreven.

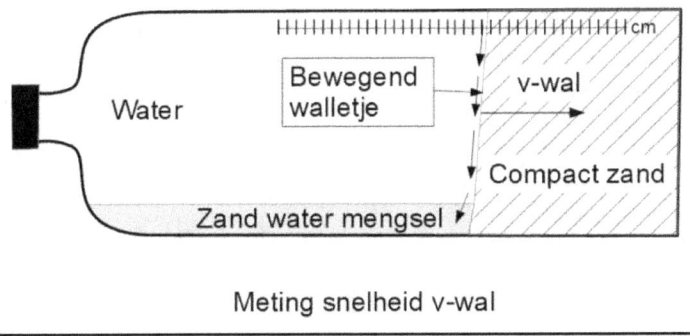

Meting snelheid v-wal

Meting van de walletjessnelheid
Als je een centimeter verdeling op de fles tekent, dan kan je met een stopwatch de tijd meten die een walletje over enkele centimeters doet en daarmee de walletjes snelheid berekenen. Vervolgens kan je met de v-wal formule op de vorige bladzijde de doorlatendheid k_0 van het verdichte zand berekenen.
De walletjesproef is daarmee ook een doorlatendheid meting geworden!

6. Calamiteiten met water en zand

6.1. Drijfzand

Eén van de belangrijkste en tegelijkertijd ook gevaarlijkste verschijningsvorm van zand en water is drijfzand.
Drijfzand staat bekend als een gevaarlijk fenomeen. Vragen die hierbij kunnen opkomen zijn:

- Waarom is het gevaarlijk?
- Kan het op een strand voorkomen?
- Hoe ontsnap je aan drijfzand?

<u>Safety First:</u>
Laten we eerst beschrijven wat drijfzand precies is:

Drijfzand is zand dat verzadigd is met water en daardoor volledig is ondergedompeld. In dit volledig ondergedompelde zand heerst een opwaartse stroming van grondwater. De zandkorrels worden door de opwaartse grondwater-stroming geheel of gedeeltelijk opgetild. Hierdoor verminderen de onderlinge spanningen tussen de zandkorrels waardoor het zand minder goed in staat is om een verticale belasting op te nemen. Het zand gedraagt zich in dit geval als een zware vloeistof.

Deze drijfzandtoestand kan worden bereikt in twee situaties:

<u>1 Een continue waterbron</u>
De aanwezigheid van een waterbron in een zand oppervlak zorgt voor een continue waterstroming die door het zand omhoog stroomt. Deze opwaartse waterstroming kan zo sterk zijn, dat de korrels geheel of bijna geheel worden opgetild en daardoor niet meer volledig op elkaar rusten..
De onderlinge korrelspanningen, waarmee de korrels tegen elkaar aandrukken, kunnen zelfs nul worden.

Als dit verschijnsel optreedt dan is er geen samenhang/onderling verband/stevigheid meer tussen de korrels door inwendige wrijving en is drijfzand ontstaan. Je kan dit verschijnsel in zand en water zien als een soort vloeibare "korrelsoep".

2 Een tijdelijke verdichting van zand door een schokbelasting
Hetzelfde effect van zeer lage korrelspanningen kan ook tijdelijk optreden in een onder water gelegen zandlichaam zonder dat er voorafgaand al sprake was van drijfzand door een opwaartse stroming.
Een onder de grondwater spiegel gelegen zandlichaam dat in rust is kan door een plotselinge schokbelasting ineens veranderen in drijfzand.
Dit kan bijvoorbeeld gebeuren tijdens een aardbeving. Door de schok verschuiven de korrels ten opzichte van elkaar naar beneden en komen daarbij zelfs even los van elkaar. Zodra de korrels in het grondwater kunnen bewegen zullen zij als gevolg van de zwaartekracht bezinken in het hun omringende water. Daarbij zal er een dichtere korrelpakking ontstaan.

Bij grote horizontaal uitgestrekte zandlagen kan dit verdichten door bezinking alleen dan optreden als er water uit de poriën omhoog wegstroomt. Er is dan dus tijdelijk sprake van een opwaartse stroming die duurt totdat de korrels weer dicht op elkaar zijn bezonken!

Een sprekend voorbeeld van dit verschijnsel is de aardbeving in 1964 bij Niigata in Japan. Daar zijn complete flatgebouwen scheef weggezakt doordat er tijdelijk drijfzand ontstond in de zandlaag onder deze gebouwen!

Een voorwaarde voor het optreden van deze tijdelijke vorm van drijfzand is wel dat het zand los gepakt moet zijn.

Onder "losgepakt" verstaan we de toestand van zand waarbij de korrels niet dicht op elkaar zijn "gepakt". Dit kan zijn gebeurd door stampen, schudden of door een zware (schuivende) druk van bijvoorbeeld een vroegere gletsjer. Losgepakt zand heeft een hoge porositeit van ca 40-45% en zeer vastgepakt zand een porositeit van ca 25-30%.

In beide van de hierboven beschreven gevallen spreken we van Drijfzand. In het buitenland worden overigens de volgende benamingen gebruikt:

Quicksand	(Engels)	"Quick" = snel
Treibsand	(Duits)	"Treiben" = drijven
Sables Mouvants	(Frans)	"Mouvant" = bewegen

Het is interessant om te zien hoe elk van deze namen een ander aspect van hetzelfde fenomeen aangeeft.

Samengevat zou een goede benaming zijn:

"Snel bewegend drijvend zand"

Waar vind je drijfzand?
Drijfzand komt voor op plaatsen waar het grondwater continue uit een zandlaag omhoog stroomt of kortstondig als gevolg van een plotselinge verdichting van een zandpakket.

Dit kan gebeuren in onderstaande situaties:
1. Getijden gebieden aan zee
2. Moerassen (brongebieden) bij rivieren
3. Nabij de oevers van een meer
4. Nabij ondergrondse bronnen in berggebieden
5. In zandlagen die door stroming of wind met een losse pakking zijn opgebouwd

Waar wordt zand met een losse pakking afgezet?
Dit gebeurt vooral in de duinen waar het zand in de luwte van een strandwal zachtjes door de wind wordt afgezet of in rivieren waar het zand rustig bezinkt in de luwte van een zandbank.

N.B.: Vaster gepakte zandafzettingen zijn meestal het gevolg van:
1 Vroegere belasting door Gletsjers in de ijstijd
2 Vroegere belasting door golfslag beweging op stranden
3 Bezinken van zand onder hoge stroomsnelheden

Wat gebeurt er als iemand in drijfzand stapt of valt?

Nu we weten wat drijfzand is, is het tijd om te onderzoeken wat er gebeurt als iemand in drijfzand terechtkomt. Wanneer iemand in een drijfzand gebied stapt, is er door het ontbreken van de korrelspanningen geen verticale reactie van het zand mogelijk om enige opwaartse weerstand te produceren. Het resultaat is dat de voeten dieper wegzakken.

Vervolgens houdt het zware drijfzand bij iedere omhooggaande beweging deze beweging tegen en wordt het lichaam verder naar beneden getrokken.

Als het lichaam tot borsthoogte in het zand is weggezakt, dan kan de druk van het zware zand water mengsel – dat is tweemaal zo zwaar als water! - het ademhalen bemoeilijken.

Vraag: zal een persoon in drijfzand verdrinken?

Een voorwerp zal blijven drijven in een vloeistof als de dichtheid van dat voorwerp minder is dan de dichtheid van de vleoistof.

Om de vraag te beantwoorden moeten we dus eerst nagaan wat de dichtheid van het drijfzand en van een menselijk lichaam is.

De dichtheid van normaal 100% verzadigd nat zand is ongeveer 2000 kg/m^3. De typische gemiddelde dichtheid van een menselijk lichaam is 985 kg/m^3.

Omdat water een dichtheid heeft van ca 1000 kg/m^3 blijft een menselijk lichaam daar in drijven. In het veel dichtere zand-water mengsel van 2000 kg/m^3 zal een lichaam dus zeker drijven!

Eén van mijn studenten heeft dit persoonlijk in het laboratorium getest door in een 2 meter diep vat met zand en opstromend water te gaan staan.

Hij zakte inderdaad niet verder dan tot zijn middel in het drijfzand! Uiteraard had hij gedurende deze schaal 1:1 proef een stevig touw om zijn middel zodat wij hem ook weer uit het drijfzand konden redden!

Conclusie:
Drijfzand is een zeer zware vloeistof waar je heel goed in kan blijven drijven. Het enige probleem is dat drijfzand de neiging heeft om je naar beneden te trekken als gevolg van je eigen op en neergaande bewegingen. Een opwaartse beweging van je schoen of been zal je verder naar beneden trekken.

Wat nu te doen als je in drijfzand terechtkomt?
1 Gooi alles wat je bij je hebt naar een stevige ondergrond.

2 Trek je schoenen uit als dat mogelijk is.

3 Als je voelt dat je op drijfzand staat (je voelt de ondergrond bewegen) maar er nog niet in bent weggezakt, ga dan met snelle stappen achteruit. Door de snelheid van je stappen probeer je jezelf af te zetten tegen de massa van het zand en daarbij tegelijkertijd ook het eventueel nog resterende zandverstevigende Δn-effect uit par. 2.11 te gebruiken!

4 Als je voeten vast komen te zitten, probeer dan geen grote stap terug te maken, want daardoor zal je verder omlaag worden getrokken. Ga rustig zitten en achterover liggen.
Door je lichaam op het drijfzand te laten drijven wordt de verticaal omlaag gerichte kracht op je voeten lager zodat ze langzaam aan naar boven kunnen opdrijven.

5 Zodra je voelt dat je voeten omhoog komen, rol je van je rug naar je zij en buik en beweeg je jezelf platliggend uit het drijfzand gebied; wees niet bang om vies te worden.

6 Wees geduldig en maak langzame bewegingen. Het kan minuten tot zelfs uren duren voordat je uit het drijfzand bent.

6.2. Bezwijken van dijken en hellingen

Bij dijken langs rivieren treden in de praktijk regelmatig verzakkingen op. Dit gebeurt vooral in gebieden waar de dijken op oude zandbanken zijn gebouwd. Deze zandbanken zijn ooit in die rivieren ontstaan door het bezinken van zand in het rustiger water achter een bestaande zandbank. Het gevolg daarvan is dat het zand zeer losgepakt is en daardoor gevoelig voor zetting vloeiing.

Ook bij grote hoge zandhellingen in bergachtige gebieden langs kusten en rivieren treden regelmatig na zware regenbuien plotseling grote verzakkingen op waarbij zelfs hele dorpen meegesleurd worden.

In al deze gevallen is de oorzaak van het ontstaan van de verzakking het toenemen van waterspanningen in het zandlichaam.
Bij de dijk op een losgepakte zandlaag ontstaan de hoge waterspanningen door het plotseling instorten van de op elkaar steunende korrels (het "korrelskelet").
Als de rivier door het eroderen van de oever te dicht bij de rivierdijk komt, dan kan het gebeuren dat de rivierdijk als een zettings-vloeiing in zijn geheel omlaag de rivier in vloeit.
Een dergelijke zettings-vloeiing wordt meestal ingezet door de trillingen door een aardbeving of een zware vrachtwagen die over de dijk rijdt.

In paragraaf 6.3 wordt een proef beschreven waarbij een plotselinge verzakking, een zettings-vloeiing, optreedt in losgepakt zand.

Vaak wordt de schade van een verzakking bij een dijk, waarbij een deel van de dijk geheel is verdwenen, ten onrechte toegeschreven aan een zettings-vloeiing.
Het is evengoed mogelijk dat de oever van de rivier, na voldoende diepe erosie van de oever, de vorm van een actieve zuigput heeft aangenomen.
In dat geval kan door een laatste extra erosie ter plaatse van de onderkant van de helling (= de "teen" van het "talud") van deze "zuigput" een bresgedrag ontstaan met zeer hoge aktieve walletjes.

Deze lopen richting de dijk en zullen uiteindelijk, bijvoorbeeld na een nacht lang bressen, de dijk ondergraven!
Tijdens het bressen stroomt het zandwatermengsel met hoge snelheid omlaag naar de rivier toe. Hierbij treden twee verschijnselen op:
1. Het zandwatermengsel erodeert de onderkant van het talud waardoor dit talud aldoor steil blijft en daardoor ook actief blijft.
2. Onderaan het talud wordt het zand water mengsel goed afgevoerd door de stroming van de rivier. Er bouwt zich daar dus geen nieuw stabiel niet eroderend talud op. Het bressen gaat daardoor almaar door in de vorm van een enkele zeer hoge aktief bressende wal.

Dit verschijnsel kan overigens ook optreden in zandwinputten met relatief fijn zand in het platteland van Nederland. Hoewel hier geen sprake is van zand afvoer door een rivierstroming treedt er toch een zeer goede zandafvoer op langs de bodem van de put naar het diepste punt van de put. De reden hiervan is dat het fijnzand-watermengsel slecht bezinkt en daardoor onder een flauwe helling kan blijven afstromen. Dit proces kan beheerst worden door de oevers met niet te hoge laagdiktes in een keer tegelijk af te graven maar dit in meerdere niet zo dikke lagen achter elkaar te doen.
In het verleden was men hier niet goed van op de hoogte en zijn er door het ongecontroleerd bressen en uitbreiden van de puthellingen complete boerderijen in de zandwinputten omlaag gegleden!

Conclusie:
Pas op met het graven van grachten rondom je zandkasteel!
Als de kasteelgrachten te diep en te dicht bij de kasteelmuren komen dan kunnen de muren door het bresproces worden ondergraven en vervolgens in de gracht wegzakken!
Probeer dit desastreuze scenario maar eens uit bij je eerstvolgende zandkasteel.

6.3. Proef met een zettingsvloeiing

We kunnen in de doorzichtige plastic fles van de bresproef in par 5.4. met een eenvoudige proef een zogenaamde "zetting vloeiing" laten zien!

Voer daarvoor de volgende stappen uit:
1 Vul de fles met 2/3 water en 1/3 zand en schud het zand en water goed door elkaar
2 Leg de fles snel horizontaal en laat het zand rustig bezinken
3 Kantel de fles heel langzaam en kijk goed
4 Bij een bepaalde hellingshoek zie je een zeer plotseling bezwijken van de gehele zandlaag optreden

We noemen dit plotselinge bezwijken een "zetting-vloeiing".
Door de toenemende schuifspanning ten gevolge van de helling van de fles wordt op een zeker moment de maximale afschuifkracht bereikt, op dat moment is de hoek φ van interne wrijving bereikt!

Dit is het moment waarop de korrels t.o.v. elkaar gaan verschuiven en het korrelskelet in elkaar stort. Hierbij komen de korrels los van elkaar en gaan zij in het grondwater bezinken. Er ontstaat korte tijd een vloeibaar korrel-watermengsel dat snel omlaag stroomt.

7. De strandstoel en de bolderwagen op het strand

7.1. Stabiliteit van een strandstoel

Als je een kampeerstoel in droog zand zet, zal je ervaren dat de poten van de stoel onder je lichaamsgewicht behoorlijk diep in het zand kunnen zakken!
Dit gebeurt zelfs met een stoel waarbij de twee achterste en twee voorste poten onderling zijn verbonden door twee horizontale buizen. Zie onderstaande figuur.

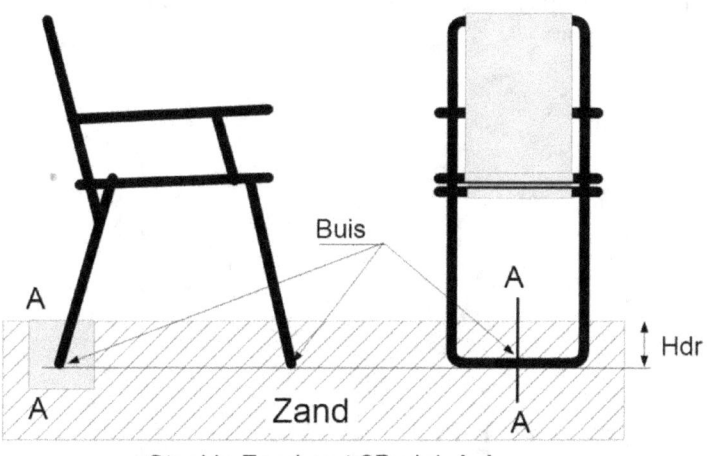

Stoel in Zand met 2D-vlak A-A

In dit geval wordt het lichaamsgewicht goed verdeeld over de lengte van deze buizen wat resulteert in een tweedimensionale
(2D) belasting van het zand.

Laten we deze situatie met de kennis uit de vorige paragrafen eens nader analyseren.

De bovenlaag van het droge zand geeft weinig draagkracht.

De reden voor de lage weerstand is het feit dat deze weerstand moet worden opgebouwd uit afschuifkrachten in het omringende zand.
Op een kleine diepte zijn die afschuifkrachten erg laag vanwege het beperkte gewicht van de zandlaag tot die diepte.

Wat gebeurt er in het zand onder en naast de buis?
De onderkant van de horizontale buis van de stoel drukt omlaag op het onderliggende zand. De enige manier waarop de buis omlaag kan gaan is als het zand direct onder de buis bezwijkt en zijdelings wordt weggedrukt. Er treedt een verdringingsproces op. Het zand naast de buis geeft echter een horizontale spanning die tegen de horizontale verplaatsing van het zand in werkt.
Deze tegenwerkende horizontale spanning hangt op zijn beurt weer af van de verticale spanning Svs in het zand direct naast de buis.
Zie onderstaande figuur.

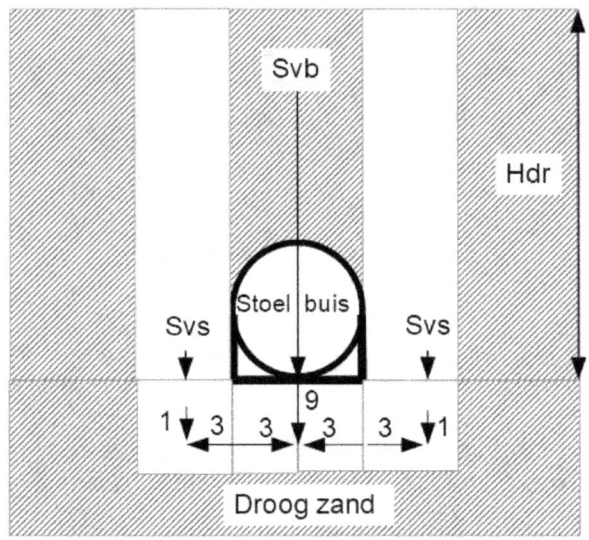

2D-vlakA-A met links en rechts 2x Mohr's faktor 3

Bij het omlaag drukken van de buis vindt er dus twee keer een verdringingsproces van zand plaats:

1. recht onder de buis wordt het zand opzij gedrukt door middel van actief bezwijken omdat de zwaartekracht hier meehelpt
2. direct naast de buis wordt het zand door middel van passief bezwijken tegen de zwaartekracht in omhoog gedrukt.

Daarbij treedt elke keer de factor 3 tussen de beide hoofdspanningen op, in totaal dus een factor 3 x 3 = 9.

Als de stoel tot een diepte van Hdr in het zand wordt gedrukt dan staat er dus een spanning Svb = 9 x Svs op de onderkant van de stoelbuis.

We hebben hier echter niet twee los van elkaar staande rechthoekige zandmonsters naast elkaar, maar we kunnen voorlopig aannemen dat ze als zodanig werken.
Vanwege de horizontale symmetrie ten opzichte van de verticaal door de as van de buis vindt het verdringingsproces plaats aan beide kanten van de buis.

In totaal zal er op moment van bezwijken een toename van de korrelspanning van Svs naar Svb zijn met een factor 9.

NB: De hier gevonden theoretische factor 9 is een ondergrens ten opzichte van een beter maar meer ingewikkeld model met daarin de zogenaamde "Wig van Prandtl". Daarmee wordt een 2 keer zo grote factor 18 berekend als gevolg van de extra steun door de wrijving die optreedt op de overgang tussen de twee bezwijkende zandlichamen onder en naast de buis.

Samenvatting:
De buis zal tot een diepte Hdr doordringen waarop de verticale normaalspanning Svs in het zand naast de onderkant van de buis zo hoog wordt dat deze, na vermenigvuldiging met minstens een factor 9, de verticale spanning Svb onder de buis in evenwicht houdt.
Met bovenstaand zelfgemaakt eenvoudig rekenmodel kunnen we berekenen hoe diep de buis van de stoelpoot in het droge zand zal wegzakken!

Berekening diepte tot waar de stoel wegzakt

Eerst moet het gewicht van de massa van het lichaam worden berekend:
Stel de massa van het lichaam is M = 80 [kg].
De kracht Fg ten gevolge van deze massa is dan:

$$F_g = M \times g = 800 \quad [N]$$

Stel dat elke buis van de stoel 0,5 [m] lang en 0,02 [m] breed is.
Er zijn twee horizontale buizen onder de stoelpoten.

Het totale ondersteuningsoppervlak A wordt hiermee:
$$A = 2 \times 0,5 \times 0,02 = 0,02 \ [m^2]$$

De verticale spanning Svb veroorzaakt door het lichaamsgewicht op het zand wordt nu:
$$S_{vb} = 800 / 0,02 = 40 \ [kPa]$$

In de analyse hierboven hebben we gezien dat er tijdens het indringen van de stoel en dus tijdens het bezwijken van het zand onder de stoel een factor 9 optreedt tussen de spanningen Svb en Svs.
Gegeven de Svb=40 [kPa] zal de stoel zo diep in het zand zakken totdat de verticale druk Svs op het zand direct naast de poot is opgelopen tot een druk die een factor 9 lager is dan Svb=40[kPa]:
$$S_{vs} = 1/9 \times 40 = 4,44 \ kPa = 4444 \ [Pa] \ (*)$$

De spanning Svs onder een hoogte Hdr van droog zand is:
$$S_{vs} = D_{dr} \times g \times H_{dr}$$

Met $D_{dr} = 1722 \ [kg/m^3]$ en $g = 10 \ [m/s^2]$ volgt:
$$S_{vs} = 17220 \times H_{dr} \quad\quad\quad (*)$$

Het combineren van de beide vergelijkingen voor Svs aangegeven met (*) resulteert in de volgende indring diepte Hdr:
$$H_{dr} = 4444/17220 = 0,25 \ [m]$$

Dit is een indrukwekkende diepte!

Opmerking
Houd er rekening mee dat we hier uitgaan van droog zand.
Zodra er vocht in het zand zit, treden er capillaire spanningen op.
De spanningstoestand in het zand zal in dat geval compleet anders zijn en de stoel zal minder diep wegzakken.
Wil je een goede test doen, dan moet je dus goed controleren of er tot aan de maximaal te verwachten penetratiediepte aan de condities van droog zand wordt voldaan!

Cone Penetration Test:
Het voorgaande vraagt om een test met de stoel.
In de praktijk voert men meestal een "conus penetratie test" uit.
Daarbij wordt een ronde punt met conus-vorm op een ronde buis verticaal in de grond gedrukt waarbij de kracht op de punt wordt gemeten.
Deze penetratietest wordt uitgevoerd om de pakking (dichtheid) van een zandlaag te meten. De test is onder de naam
 "Cone Penetration Test" (CPT) terug te vinden op het internet!

Self made penetratie test
Tijdens een afstudeerproject in een grote ronde bak met zand en water moest een snelle indruk worden verkregen van de hoogte tot waar het zand was verdicht met behulp van het trillen van de gehele bak.
Dit probleem hebben we opgelost door een simpele verticale "conus" penetratietest uit te voeren met een ronde bezemsteel. Daarbij was op de steel met een markeer stift een cm verdeling aangebracht om de penetratie diepte te kunnen meten.
De penetratiekracht leverden wij eenvoudig zelf door met ons eigen gewicht op de omgekeerde bezem te gaan zitten!
Mijn gewicht (90 kg) was groter dan dat van de student (60kg) dus hadden we zo zelfs twee metingen!

Effect van het opkomende getij
Misschien herinner je dat moment dat je lekker rustig langs de kustlijn in je strandstoeltje zat te kijken naar je kinderen in hun zandkasteel vechtend tegen het opkomende tij, en plotseling begint je stoel langzaam onder je weg te zakken!
De reden: een uitloper van een hoge golf heeft net je stoel bereikt en spoelt rondom de stoelpoten. Plots is de top van het zand geen gedeeltelijk verzadigd zand meer met een actieve capillaire grondspanning!

Een eerste gedachte zou kunnen zijn dat zand onder water zich net zo gedraagt als droog zand, maar dat is niet het geval:
Zodra het strandzand volledig onder water komt te staan, dan hangt er dus geen waterlaag meer aan de bovenste laag korrels en gaat het voor de draagkracht positieve effect van de extra verticale korrelspanning als gevolg van de capillaire grondspanning verloren.

Daarnaast is er ook nog het effect dat de zandkorrels onder water gedeeltelijk door het water worden opgetild.
Je noemt dit "opdrijfeffect" ook wel "Buoyancy"
Dit zorgt er voor dat de verticale korrelspanningen extra verlaagd worden ten opzichte van de situatie met droog zand.

We kunnen het Buoyancy effect als volgt kwantificeren:
De ruimte tussen de korrels noemen we de "porositeit" aangegeven met de letter n. In droog zand met porositeit n = 35 [%] en met een korreldichtheid D_k = 2650 [kg/m^3] kunnen we de droge dichtheid D_{dr} bereken met:

$$D_{dr} = (1-n) \times 2650 = 1722 \ [kg/m^3]$$

Met behulp hiervan vinden we voor de verticale korrelspanning S_{kdr} in droog zand op 1 meter diepte:

$$S_{kdr} = D_{dr} \times g \times 1 = 1722 \times 10 \times 1 = 17220 \ [Pa]$$

In 100% verzadigd nat zand is de verticale korrelspanning op 1m diepte lager dan in droog zand vanwege de opwaartse kracht F_{opdr} op de korrels als gevolg van de buoyancy van de korrels.

De kracht Fopdr van 1 [m³] zand is gelijk aan de gewichtskracht Fw van de waterverplaatsing van het volume (1-n) [m³] van alle zandkorrels.
Met de dichtheid van water Dw = 1000 [kg/m³] en
het poriëngehalte n = 35 % volgt:.

$$Fopdr = (1-n) \times Dw \times g = 0,65 \times 1000 \times 10 = 6500 \text{ [N]}$$

Dus de verticale korrelspanning Sknat op 1 [m] diepte wordt:

$$Sknat = 17220 - 6500 = 10720 \text{ [Pa]}$$

Dit is een factor 10720/17220 = 0,62 keer de verticale korrelspanning Skdr van 17220 [Pa] voor droog zand die hierboven was berekend!

In paragraaf 7.1 hebben we de stabiliteit van een strandstoel in droog zand bekeken. Daarbij bleek dat de verticale korrelspanning in het zand bepaalt tot welke diepte de stoel in het zand omlaag zakt.

In deze paragraaf blijkt dat in nat zand met n = 35% de verticale korrelspanning een factor 1/0,62 = 1,6 lager is dan in droog zand.

Dit betekent dat de poot van de stoel in het door de golf volledig overspoelde zand een factor 1,6 dieper zal zakken dan in droog zand!

7.2. De bolderwagen op het strand

Met de in par.7.1 opgedane kennis kunnen we nagaan waar we het beste met onze bolderwagen of fiets over het strand kunnen rijden.

De band van een wiel zal een zelfde gedrag vertonen als de buis van de in par.7.1 besproken strandstoel:
De band zal tot een zekere diepte in het zand moeten indringen voordat er evenwicht is tussen de gewichtskracht via de band en de reactiekracht van het zand.
Dit maakt het trekken van de kar en het fietsen erg zwaar omdat je telkens weer met de band in nieuw zand moet indringen tot de diepte waarop er krachten evenwicht is. Het is alsof je tegen een helling op moet!

Dit verschijnsel wordt ook wel "rolweerstand" genoemd.
Om de grootte hiervan aan te geven gebruikt men de rolweerstand coëfficiënt C_{rr}. Deze coëfficiënt geeft aan met welke deel F_{rol} van de verticale kracht F_g, waarmee het wiel op de weg rust, het wiel in horizontale richting moet worden voortgetrokken om het wiel te laten rollen.

$$F_{rol} = C_{rr} \times F_g$$

In de literatuur worden de volgende waarden voor C_{rr} gegeven:

Coëfficient C_{rr}	Beschrijving
0,3	Autoband in zand
0,038 – 0,07	Postkoets (19de eeuw) op zandweg
0,01 – 0,015	Gewone banden op beton
0,0055	Speciale BMX fietsbanden voor solarcars
0,0022 -0,005	Fietsbanden 8,3 bar 50 km/h op stalen rollerbank
0,001 – 0,0024	Stalen spoorwiel op stalen rails

Als we de mate van rolweerstand van een fietsband of bolderkarband in zand gelijk stellen aan die van de autoband in zand dan geldt als rolcoëfficiënt $C_{rr} = 0,3$.

Je moet dus een extra voorwaartse kracht Frol ontwikkelen ter grootte van 30% van de verticale kracht Fg ten gevolge van het gewicht op de band. Bij de fiets is dat de helft van het gewicht van je fiets en jezelf en bij de bolderkar ¼ van het gewicht van de kar met inhoud. Deze horizontaal tegenwerkende kracht Frol kan je ook zien alsof je tegen een helling op fietst. Dit is in onderstaande figuur weergegeven.

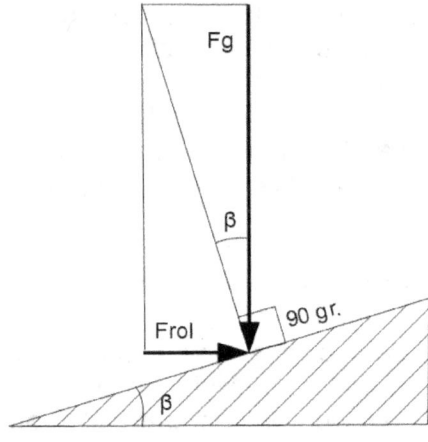

Frol = 0,3 x Fg
β = arctg(0,3) = 16,7 gr.

De bijbehorende hellingshoek β van de helling ten opzichte van de horizontaal is β = arctg(0,3) = 16,7 graden.
Dat is een helling van 1 op 3,33!

Het is dus sterk aan te bevelen om op het natte zand dicht langs de waterlijn te gaan rijden waar het steuneffect van de capillaire wateronderspanning maximaal werkzaam is!
Maar pas wel op: zodra je door het water over het volledig onder water liggend zand gaat rijden dan is het steuneffect van de capillaire spanningen niet meer aanwezig!
Gelukkig kan je, als je door het water rijdt, nog wel gebruik maken van het Δn effect van par. 6.1. Maar dan moet je wel snel doorfietsen om met het Δn effect voldoende hoge tijdelijke onderdrukken in het zand te maken.

8. Korte golven en hun invloed op het strand zand

Er zijn twee soorten golven: korte golven en lange golven.

<u>Korte golven</u> ontstaan door wind en zijn over het algemeen niet langer dan orde van grootte 400 m.

<u>Lange golven</u> van zeer grote lengtes ontstaan o.a. door de getijde werking van zon en maan maar kunnen ook door aardbevingen ontstaan, de zogenaamde Tsunami.
Echter:Korte golven die op ondieper water komen gaan zich daar ook als lange golf gedragen. De lange getijde golven zullen we in hoofdstuk 9 bespreken.

De korte golven die op het strand afkomen kunnen je veel vertellen over hoe de bodem er voor de kust uit ziet en welke waterstromen en zand-transporten er voor de kust optreden. Deze stromingen en zandtransporten bepalen hoe een kust er uit ziet. Nederland is bijvoorbeeld gevormd door het zand dat miljoenen jaren vanuit de Rijn en Maas in de Noordzee is terecht gekomen.
De Waddeneilanden en de Noord Duitse eilanden zijn met dit zand gevormd. Dit zand is dus niet uit de Noordzee gekomen.
Het zand dat daar op de bodem ligt, is het zand dat honderdduizenden jaren eerder is belopen door de mammoeten.
Bij de huidige baggerwerkzaamheden in de Noordzee (ten behoeve van het opspuiten van stranden) kunnen daarom nog steeds tanden en botten van mammoeten gevonden worden.

Kennis van het effect van de golven in de zee is dus van groot belang voor een land als Nederland. Maar voordat we verder ingaan op dit "lezen" of "interpreteren" van golven, zal eerst in par. 8.1 t/m 8.3 een korte algemene beschrijving worden gegeven van het ontstaan, de vorm en het gedrag van korte golven. Er wordt hierbij een onderscheid gemaakt tussen golven in diep en golven in ondiep water.

8.1. Beschrijving van een korte golf

Een golf is een trilling van het water met een bepaalde periode tijd T [sec] die zich met een voortplantingssnelheid C [m/s] langs het wateroppervlak voortplant. Net als bv bij een trilling in een spring touw of zweep wordt alleen de beweging van de trilling van het water doorgegeven en is er geen sprake van een doorgaande waterstroom in de richting van de trilling. Je ziet dus wel golven door het water lopen maar het water loopt niet met deze golven mee, het water op een bepaalde plek staat alleen rondjes te draaien. Wee noemen die beweging de orbitaalbeweging, waarover later meer.
We zullen zien dat een golf in diep water zich ongestoord voortplant, en de snelheid van de golf begint pas af te nemen zodra de golf in ondiep water komt. Hoe ondieper het water hoe lager de snelheid van de golf. In ondiep water "voelt" de golf dus de waterbodem.
We spreken van diep water als de waterdiepte groter is dan de helft van de golflengte. Hier komen we later nog op terug.

In onderstaande figuur wordt een golf aan het oppervlak van diep water weergegeven. Zoals in deze figuur te zien is, heeft deze golf een sinusvorm met een top en een dal. Het hoogte verschil tussen de top en het dal noemen we de golfhoogte H [m]. De horizontale afstand tussen twee opeenvolgende toppen noemen we de golflengte L [m].

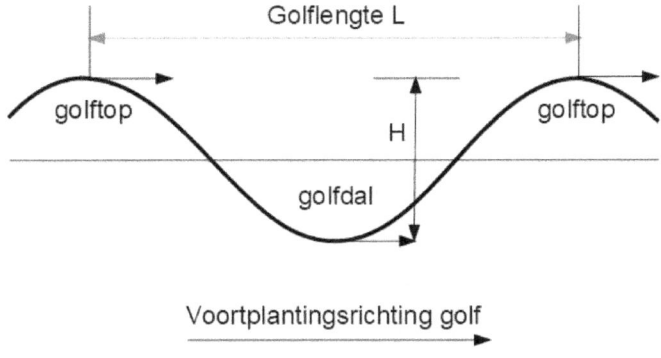

Vorm en afmetingen van een golf in diep water

De orbitaalbeweging van de golf

Zoals al eerder is opgemerkt : Als we naar een golf in diep water kijken dan lijkt het alsof er water wordt verplaatst in de richting waarin de golf zich beweegt, maar dat is niet zo. De waterdeeltjes in een voorbijkomende golf maken een ronddraaiende cirkelbeweging. Aan het wateroppervlak heeft deze cirkelbeweging een diameter gelijk aan de golfhoogte H. De omtrek O van deze cirkel is:

$$O = \pi \times H \quad [m]$$

Met het getal "pi": $\pi = 3,1415$ [-]

Deze ronddraaiende beweging noemen we ook wel de "orbitaal beweging". Hoe hoger de golfhoogte H tussen de golftop en het golfdal en/of hoe korter de periode T (sec) tussen het voorbijkomen van twee toppen van de golfbeweging, hoe groter de snelheid U waarmee het waterdeeltje ronddraait.

Er geldt:

$$U = (\pi \times H) / T \quad [m/s]$$

De diameter van de ronddraaiende beweging is het grootste aan het wateroppervlak en hij neemt af naarmate je dieper onder water kijkt. Op een diepte van ongeveer de helft van de golflengte is de diameter van de orbitaalbeweging nagenoeg tot nul gereduceerd.

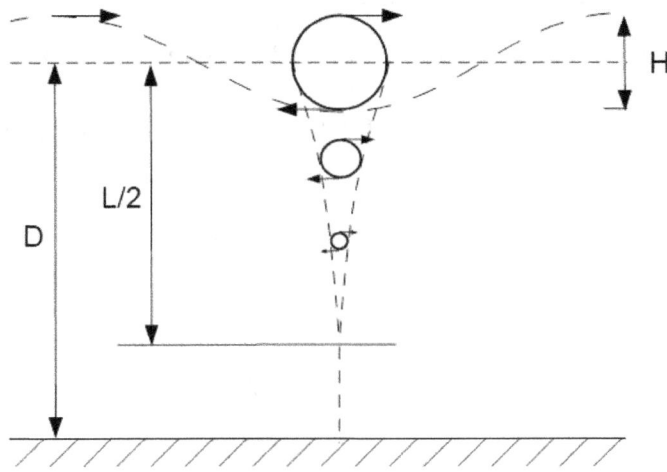

Orbitaal beweging onder een diep water golf

Lengte L en snelheid C van een golf
Naast de hoogte H spelen ook de golflengte L en de voortplantingssnelheid C van een golf een rol bij het gedrag en de effecten van golven bij een kust.

Er geldt altijd een vast verband tussen L, C en T:

$$L = C \times T \quad [m]$$

Hierin is C de golf voortplantingssnelheid.

De golfvoortplantingssnelheid C en de golflengte L hangen af van de waterdiepte D. Daarbij wordt onderscheid gemaakt tussen drie gebieden met verschillende verhoudingen D/L van de waterdiepte D en de golflengte L:

A Diep water met diepte D > L/2
De snelheid C en golflengte L van een golf in diep water kan je berekenen met de volgende eenvoudige formules:

$$C = 1{,}56 \times T \quad [m/s]$$
$$L = 1{,}56 \times T^2 \quad [m]$$

B: Overgangs waterdiepte met diepte L/25 < D < L/2

In het overgangsgebied van D = L/2 naar D = L/25 voelt de inkomende golf de zeebodem en daardoor wordt de orbitaalbeweging vervormd naar een platte ellipsvorm.
Tegelijkertijd neemt de voortplantingssnelheid C van de golf af.

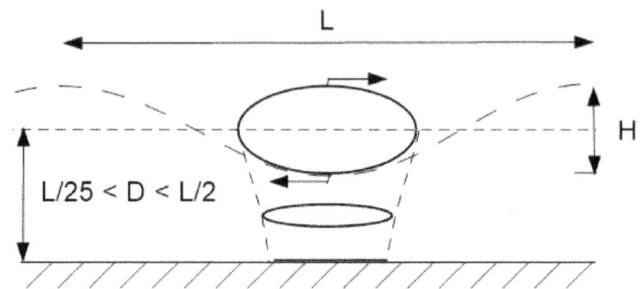

Orbitaalbeweging in overgangsdiepte L/25 < D < L/2

C: Ondiep water met D < L/25:

Als de waterdiepte kleiner wordt dan 1/25 x golflengte L dan is de orbitaalbeweging sterk afgeplat en is er sprake van een "Ondiep water golf" of wel een "lange golf". De snelheid C en golflengte L zijn hierbij alleen afhankelijk van de waterdiepte D.
Voor deze ondiep water golf gelden de volgende eenvoudige formules voor de golfsnelheid C en de golflengte L:

$$C = \sqrt{g \times D} \quad [m/s]$$
$$L = T \times \sqrt{g \times D} \quad [m]$$

Met: $g = 10$ [m/s^2]

Energie transport door korte golven

Korte golven transporteren energie in de golfrichting. Deze energie komt uiteindelijk aan op de kust in de vorm van brekende golven en stroming langs de kust. De brekende golven en stromingen zijn de oorzaak van het verplaatsen van grote hoeveelheden zand langs en dwars op de kust, het zogenaamde "langs- en dwars- zandtransport".

Bij mooi weer zijn de golven bij de kust relatief laag en breken pas vlak voor de waterlijn. In dat geval treedt er ten gevolge van de orbitaalbeweging langs de bodem een relatief klein zand transport naar de kust op. Daardoor wordt het strand langzaam in de tijd verhoogd en worden er door verstuiving van opgedroogd zand ook duinen gevormd.

Bij zware storm zijn de golven hoog en breken de golven over een lang traject tot aan de waterlijn. Er wordt hierbij door de brekende toppen van de golven veel water van zee naar de strandlijn gevoerd en dat water stroomt langs de bodem weer terug naar zee. Hierdoor treedt er een groot dwarszandtransport naar zee op en wordt het strand snel lager en krijgt het ook een flauwere helling. Bij hoog water zullen ook de duinen afkalven.

Energie in een golf
De golfenergie E in één golf per meter golfbreedte bestaat uit twee componenten:
A De bewegingsenergie van alle orbitaal bewegingen
B De potentiële energie ten opzichte van de stil water lijn. Dit is de energie die nodig is om het water vanaf de stilwaterlijn tegen de zwaartekracht in naar de golftop te tillen en het water tegen de waterdruk in naar het golfdal omlaag te duwen. Je kunt dit vergelijken met een bak water omhoog tillen en een lege bak in het water omlaag drukken.

Er geldt:

$E = 1/8 \times \rho \times g \times H^2 \times L$ [N.m/m]
$\rho = 1010$ [kg/m^3]
$g = 10$ [m/s^2]
$N = $ Newton   [kg.m/s^2]

Korte golf groepssnelheid
Korte golven transporteren hun energie in de golfrichting met een snelheid gelijk aan de halve individuele golfsnelheid C/2.
Deze snelheid noemen we de "Groepssnelheid" $C_g = C/2$
In de praktijk betekent dit dat een groep van golven zich met de halve golfsnelheid in het diepe water voortbeweegt.
De individuele golven rollen dus in de groep met de golfsnelheid C naar voren en verdwijnen aan de voorkant terwijl er aan de achterkant weer nieuwe golven worden opgewekt.

8.2. Het ontstaan van korte golven op diep water

De hoogte en lengte van de korte golven die wij vanaf het strand zien aankomen bij mooi strandweer, worden bepaald door zogenaamde 'stormvelden' op zee. Uren of zelfs dagen voordat een golf aankomt bij het strand, is deze ver op de zee of de oceaan ontstaan als gevolg van de daar heersende wind en stormen. In een dergelijk stormveld neemt een golf steeds meer energie van de wind op en daardoor wordt de golf steeds hoger, steiler en langer. Deze 'golfenergie' wordt in par. 8.3 nader toegelicht.

De golven uit het stormveld bewegen zich met hun voortplantings-snelheid C mee in de richting van de wind. De totale tijdsduur waarin een golf zich in een stormveld bevindt, heeft effect op de uiteindelijke hoogte en lengte van de golf.

Strijklengte van een storm
Ook de afmeting van de zee of oceaan heeft effect op de golfhoogte van golven die door een stormveld teweeg worden gebracht. De lengte waarlangs de wind van een storm over het wateroppervlak waait wordt de 'strijklengte' genoemd.

Bij een kleinere randzee, zoals de Noordzee, is de afmeting van de zee beperkt en daarmee dus ook de strijklengte van de storm over deze zee. De strijklengte in de oceanen kan orde van grootte duizenden kilometers zijn, in de Noordzee maximaal orde van grootte 500 km en in het IJsselmeer orde van grootte 50 km.
Bij een korte strijklengte bereikt de golf de kust voordat de storm is afgelopen. Hierdoor bereikt hij een beperkte golfhoogte.
Om die reden zijn de grootste golven langs de kusten van binnen zeeën zoals de Noordzee en de Middellandse zee altijd kleiner dan de grootste golven langs de kusten van de oceanen.

Duur t van een storm
De door de wind bereikte golfhoogte hangt af van de tijdsduur t van een storm. Hoe langer de storm duurt hoe hoger de golven.

Weglopen van golven uit een storm
Het is ook mogelijk dat bij een stormveld, bijvoorbeeld na het draaien van de wind, de golven uit het stormveld "weglopen". Golven uit deze verre stormvelden zijn meestal honderden meters lang en worden daarom ook wel als zij de kust bereiken: "Lange Deining" genoemd. Ze zijn vaak enkele meters hoog en bewegen zich met de zogenaamde "groepssnelheid Cg" voort in een groep van golven. Deze groepssnelheid is op diep water een factor 2 langzamer dan de individuele golfsnelheid. Dit betekent dat de golven in een golfgroep altijd van de achterkant door de groep naar de voorkant lopen. De fysica die dit wonderlijke verschijnsel veroorzaakt is te ingewikkeld om hier te beschrijven.

Het afschatten van de omvang van door de wind veroorzaakte golven
Met bovenstaande informatie over strijklengte stormduur etc. kan je de eigenschappen zoals Hoogte, Periode en Lengte van een golf bepalen die in diep water is ontstaan.
In onderstaande grafiek zijn de geschatte relaties tussen golfhoogte, windsnelheid, stormduur, strijklengte en golfperiode gegeven.
Het betreft significante gemiddelden van waarnemingen op zee.
De schalen in de figuur zijn helaas niet lineair, daardoor zijn er slechts globale aflezingen mogelijk. De figuur geeft niettemin een aardig beeld van het ontstaan van golven in diep water.

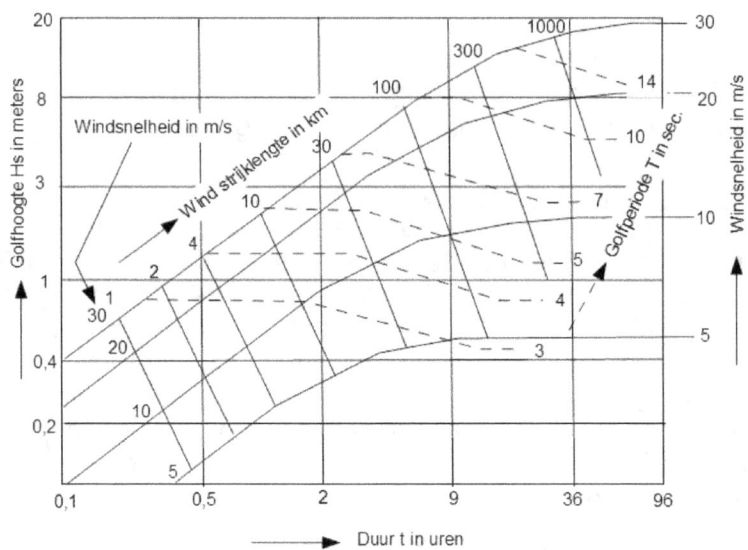

Figuur diep water golf parameters op zee

Voorbeeld van het gebruik van bovenstaande figuur:

Gegeven: een 2 uur lang durende storm op de Noordzee met windsnelheid 20 m/s en een beschikbare strijklengte van 100 km

Vraag: Welke golf wordt hierdoor gemaakt?

Antwoord:
Stap 1: Ga langs de horizontale as naar t=2 uur duur.
Stap 2: Ga verticaal omhoog tot aan windsnelheid 20 m/s
Lees benodigde strijklengte af: ca 25 km
Lees horizontaal rechts de golfperiode af: T = ca 5 sec
Lees horizontaal naar links de golfhoogte af: H = ca 2,5 m

8.3. Het breken van korte golven

Iedereen zal bekend zijn met het fenomeen van 'brekende golven'. Bij het breken van een korte golf wordt het bovenste gedeelte van de golfhoogte H van een circulaire orbitaalbeweging naar een doorgaande horizontale beweging gebracht.

De cirkelvormige orbitaal beweging wordt hier dus omgezet naar een horizontale beweging van het water. Dit "breken" van de golf betekent dat de top van de golf voorover gaat vallen.
Voor surfers is dit een onmisbaar fenomeen. Maar voor het transport van zand bij de kust ook! Door het breken van de golven komt de golfenergie vrij waarmee de langstroom voor de kust wordt aangedreven en wordt het zand voor de kust opgewoeld en met de langsstroom meegenomen. In deze paragraaf wordt beschreven wanneer de golven breken en op welke manieren dit gebeurt.

Breken door afnemende waterdiepte D
Wanneer een golf uit diep water aankomt bij een kust dan wordt de waterdiepte D onder de golf steeds kleiner. Zodra de waterdiepte kleiner wordt dan de halve golflengte L/2, dan is de cirkelvormige orbitaal beweging in een meer platte heen en weer gaande vorm veranderd. Direct boven de bodem is de beweging horizontaal en in de waterkolom boven de bodem krijgen de orbitaal bewegingen steeds meer de vorm van een afgeplatte elliptische baan.
Als gevolg van deze verschijnselen neemt ook de voortplantings- snelheid C van de golf af.

Het gevolg van de afname van de golfvoortplantingssnelheid C is dat de golftoppen dichter bij elkaar komen en dus de golflengte L afneemt. De golfperiode T blijft gelijk, immers waar je ook in de golven gaat staan: Per tijdseenheid komen altijd evenveel golven voorbij.
Door de orbitaalbeweging aan de bodem treedt er een geringe bodemwrijving op waardoor de golf zeer langzaam wat energie verliest. Dit verlies is echter zeer klein en de totale golfenergie van de golf neemt daardoor nauwelijks af.

Afname van de golflengte L

Het gevolg van de afname van de golflengte L en het nog nagenoeg constant blijven van de energie van de golf, is dat de golfhoogte H toeneemt. Hoe meer de waterdiepte afneemt naar de kust toe, hoe meer de golflengte L afneemt en hoe hoger de golfhoogte H wordt.

Waterdiepte Dbr waar de golven breken

Hierboven hebben we gezien dat een golf bij het naderen van de kust steeds korter en daardoor hoger wordt. Dit kan natuurlijk niet tot een oneindige hoogte doorgaan, er treedt een maximum grens in de golfhoogte op. Zodra de golfhoogte ongeveer gelijk wordt aan ca 80% van de waterdiepte, dan "breekt" de golf. We noemen de golfhoogte op die plaats "de breker golfhoogte Hbr" en de waterdiepte op die plaats "de breker waterdiepte Dbr".

$$Hbr = 0{,}8 \times Dbr \qquad [m]$$
$$Dbr = 1{,}25 \times Hbr \qquad [m]$$

Bij een storm aan de kust kan je aan de schuimkoppen op de golven als gevolg van het breken van de golven goed zien op welke afstand van de kustlijn de golven beginnen met breken. Op die afstand ligt de zogenaamde "Brekerlijn". De zone vanaf die lijn tot aan de kustlijn noemen we "De Branding".

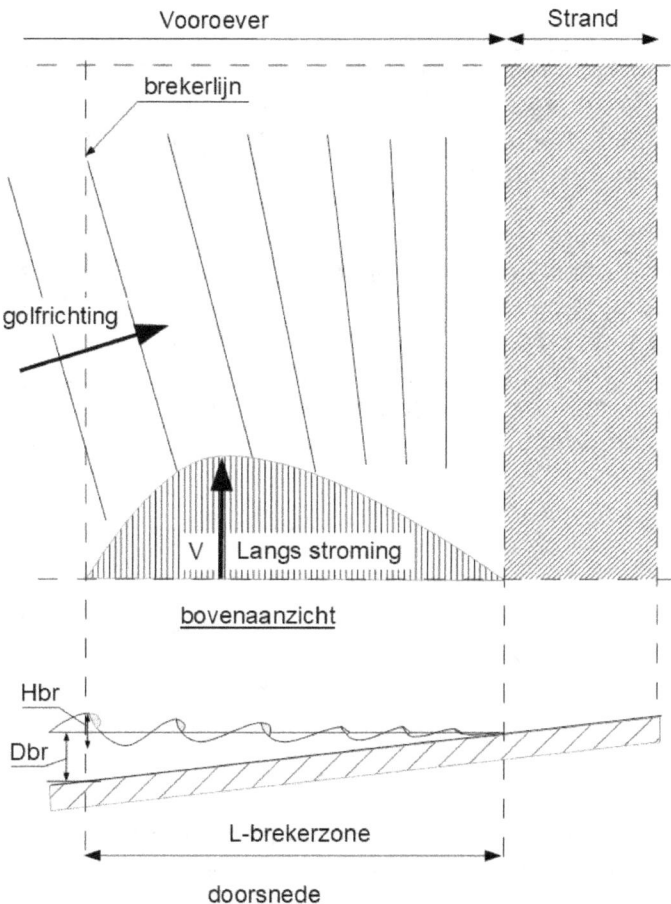

Definitie figuur van het strand, vooroever, brekerlijn en branding met waterdiepte Dbr, golfhoogte Hbr en brekerzonelengte Lbr.

Je kan een schatting maken van de afstand van de waterlijn tot de brekerlijn (Lbr) en van de golfhoogte van de daar eerste brekende golf (Hbr).
Met bovenstaande formule voor Dbr kan je nu ook een schatting maken van de waterdiepte Dbr ter plaatse. Met de geschatte afstand Lbr kan je nu ook de helling i = Dbr/Lbr van de vooroever van het strand afschatten.

De vorm van de brekende golven
Golven kunnen op verschillende manieren voor een kust breken. Hoe ze breken, hangt af van de steilheid waarmee de zeebodem in de richting van het strand oploopt. We onderscheiden hierin de volgende 3 brekertypen: Spilling, Plunging en Surging.

A "Spilling"breaker
Bij een zeer flauwe helling van de vooroever van het strand treedt een zogenaamde "Spilling Breaker" op. Bij deze vorm stroomt er vanaf de top van de golf een deel van deze top over de voorkant van de zich nog steeds voortplantende golf omlaag. Daarbij blijft een schuimstreep op het zee oppervlak achter.
Er wordt daardoor een zekere watermassa naar de kust verplaatst.

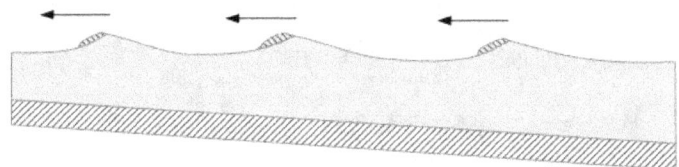

Spilling Breakwater

B "Plunging" breaker
Als de helling van de zeebodem wat groter is dan treedt de meer spectaculaire "Overslaande golf"of "Plunging breaker" op. Bij deze vorm is er sprake van een vrije val van water vanaf een voorover hellende top van de golf. Deze "waterval" vormt samen met de voorkant van de zich nog steeds voortplantende golf een "tunnel" van water.

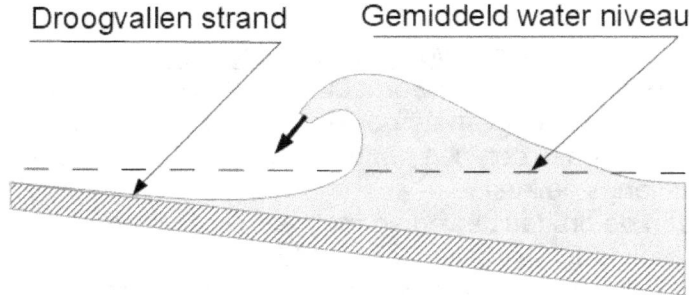

Plunging Breakwater

Plunging breakers zijn favoriet bij surfers.

C "Surging" breaker
Bij zeer steile helling van de zeebodem, zoals bij rots kusten, treedt de zogenaamde "Surging Breaker" op. Daarbij wordt meer dan de helft van de golfenergie teruggekaatst naar zee.

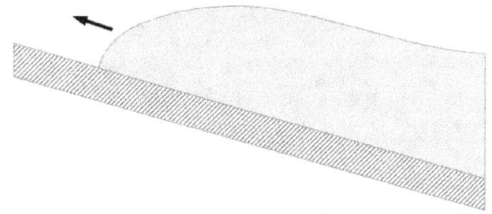

Surging Breakwater

Breken van golven op diep water
Het breken van een golf kan ook op diep water gebeuren als een storm alsmaar aanhoudt. Door de storm wordt de golfhoogte steeds groter terwijl de golflengte in verhouding minder snel toeneemt. Het gevolg is dat de "steilheid" H/L van de golf toeneemt.
Zodra deze steilheid H/L de waarde van ca 0,14 bereikt, dan zal de golf breken en meestal ontstaat er dan de zogenaamde "Brandingsgolf" (Eng. "Spilling Wave").
We zeggen in dat geval dat er "schuimkoppen" op de golven staan. Als de golven op zee zeer hoog worden dan is er geen sprake meer van "vriendelijke" schuimkoppen maar van gevaarlijke "watermuren" als gevolg van brekende golven!

De "Brandingstroom" als gevolg van brekende golven

Bij het breken van de golven wordt er golfenergie omgezet in een extra druk in de richting van de golven. Deze extra druk kan ontbonden worden in een component loodrecht op de kust en een component langs de kust.

In plaats van de orbitaalbeweging met netto nul watertransport treedt er bij een brekende golf tevens een netto watertransport op in de golfrichting. Bij een ondiepe kust wordt er op deze wijze vanaf de brekerlijn waar de golven beginnen te breken met elke golf een hoeveelheid water naar de kust getransporteerd. Als de golven schuin op de kust aan komen dan is het gevolg een sterke stroming langs de kust die effect heeft op het transport van zand langs de kust. Dit wordt in de volgende paragraaf beschreven.

8.4. Verplaatsen van zand en water door korte golven

De hiervoor beschreven korte golven zorgen voor het transport van zand langs de kustlijn. In deze paragraaf wordt beschreven waarom dit gebeurt en welke interessante verschijnselen hierbij optreden.

Het opwoelen van zand
Vanaf het moment dat de waterdiepte onder een golf kleiner wordt dan L/2 vindt er een heen en weergaande waterbeweging over de bodem plaats (een horizontale orbitaalbeweging). Hoe dichter een golf bij de kust komt, hoe langer en sneller deze beweging wordt. De golf blijft zich naar de kust voortbewegen en op enig moment zal de over de bodem heen en weergaande beweging zo groot worden dat in het verdere traject naar het strand overal het zand van de bodem tot een zekere hoogte in de verticale waterkolom wordt opgewoeld. Dit opwoelen van zand is een eerste vereiste voor het transport van zand langs de kust.

Het langstransport van zand
Voor het transporteren van zand langs de kust is niet alleen het door de golven opwoelen van het zand in de waterkolom nodig. Een tweede vereiste is een stroming langs de kust. Deze "langsstroming" is meestal aanwezig in de hiervoor beschreven brekerzône. In de langsstroming vindt het "langstransport" van zand langs de kust plaats.
Zonder de langstroming zal er ondanks het door de golven opwoelen van zand geen verplaatsing van zand langs de kust optreden.
De langstroming heeft op zichzelf namelijk een onvoldoende snelheid om zelf het zand op te kunnen woelen en daardoor te verplaatsen.

De conclusie is dus dat het transport van zand langs de kust het gecombineerde resultaat is van de twee fenomenen: **Erosie** door de golfbeweging en **transport** door de langstroming.
Het hier beschreven proces van zandtransport langs de kust wordt in gang gezet door het breken van de golven en is daarom ook het grootste aan de kant van de brekerlijn.

Als er langs een rechte kust overal dezelfde schuin op de kustlijn inkomende golven aanwezig zijn dan is er overal langs de kust een zelfde golfslag en dezelfde langstransport stroomsnelheid.
Dit betekent dat er overal langs de kust dezelfde hoeveelheid zand wordt verplaatst. Het resultaat is dat er op elk punt langs deze kust evenveel zand worden aangevoerd als afgevoerd. Het netto resultaat is dat er op elke punt langs de kust geen verandering optreedt van de totale hoeveelheid aanwezig zand per strekkende meter kustlijn. De vorm van de kust verandert dan dus niet terwijl er intussen wel sprake is van langstransport!
Dit beeld verandert natuurlijk drastisch als er een dam of een geul dwars op de kust wordt aangelegd.

Effect van een geul dwars op de kust
Een lange kust heeft meestal wel ergens een haven met een toegangsgeul. De waterdiepte is daar groter, met als gevolg dat er in de geul minder brekende golven zullen optreden. Hierdoor zal het hierboven beschreven zand langstransport mechanisme in de diepere toegangsgeul sterk afnemen. Er wordt daardoor meer zand in de geul aangevoerd dan er weer wordt afgevoerd, waardoor de geul zal aanzanden.
Direct voorbij de geul zal daardoor een kleinere aanvoer van zand optreden terwijl daar wel het zand langstransport weer op volle sterkte aanwezig is. Om die reden zal het strand direct na een geul daar altijd netto achteruit gaan.

Effect van een dam dwars op de kust
Een vergelijkbaar effect treedt op bij strekdammen en havenhoofden die loodrecht op de kustlijn staan. Zij blokkeren het zandtransport met als gevolg een aanzanding van de kust voor de dam en een erosie van de kust voorbij de dam. Je kunt bij dammen dwars op een zandkust dus altijd goed zien in welke richting het netto zandtransport langs de kust loopt.

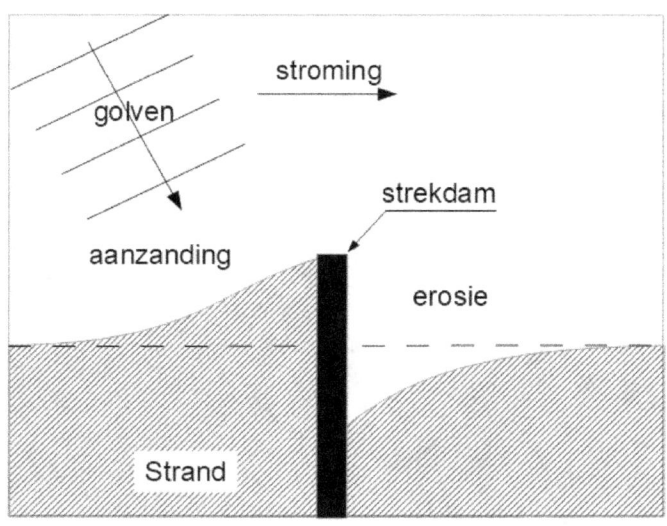

Aanzanding en erosie van zand bij een strekdam in zee

De aanleg van dergelijke dammen is bedoeld om het zandtransport langs de kust en daarmee het verlies van zand voor de kust af te remmen om zo een teruggang van de kustlijn tegen te gaan.

Golven die loodrecht op de kust afkomen.
Een bijzonder geval is de situatie met golven die loodrecht op de kust afkomen. Ook hier wordt door de brekende golven water richting de kust getransporteerd. Bij een lange kustlijn leidt dit in eerste instantie tot het opstuwen van water tegen de kust, echter deze opstuwing is een labiel evenwicht en natuurlijk niet overal precies gelijk. Daardoor zal er op regelmatige afstanden langs de kust een stroming terug naar de zee optreden die het door de brekende golven naar de kust gevoerde water weer terugvoert naar de zee. Een dergelijke retourstroming noemen we een "muistroom".

Ter plaatse van deze muistroom zal er zand met de muistroom naar de zee worden meegevoerd. Hierdoor ontstaat er onder de muistroom een diepere geul met aan weerszijden twee zand banken. Door het ontstaan van de geul en de banken wordt de muistroom nog verder versterkt.
We zullen hier in de volgende paragraaf nader op ingaan.

8.5. Gevaarlijke muistromen door brekende korte golven

Met enige regelmaat verschijnt er een nieuwsbericht over het gevaar van muistromen. Met de kennis uit de vorige paragrafen kunnen we deze muistromen nu leren herkennen en begrijpen.

Muistromen ontstaan tussen "zandbanken" voor de kust. Een zandbank is een deel van de zeebodem voor de kust, dat hoger ligt dan de rest van de zeebodem. Je kunt een zandbank herkennen aan de golven. Als er zandbanken zijn, dan zie je dat de brekende golven wat verder in zee optreden. Deze brekende golven werken alleen boven de zandbank, naast de zandbank is het water dieper en treden er daar nog geen brekende golven op.

De golven in de geul tussen de banken hebben de neiging om naar de ondiepe zandbanken af te buigen. Dat komt doordat de golfvoortplantingssnelheid boven de ondiepe rand van de zandbank kleiner is dan in de geul zelf. De golf draait dus naar de zandbank toe!

Het gevolg van het bovenstaande is dat er door de brekende golftoppen meer water over de zandbank wordt aangevoerd dan door de geul tussen de banken.

Hierdoor ontstaat er een stroming achter de zandbank langs de kust in de richting van de geulen tussen de zandbanken. Zo komt er van twee kanten water naar de geul dat met een relatief hoge snelheid door de geul tussen beide banken weer teruggevoerd wordt naar de zee.

We noemen dit verschijnsel een "Muistroom".

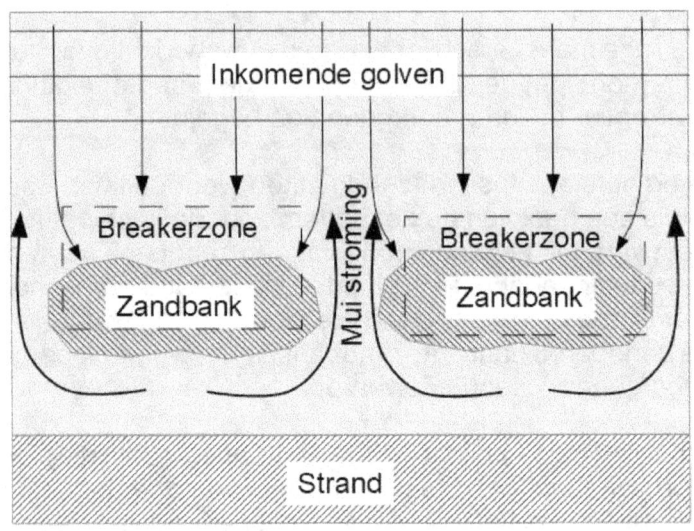

Figuur strand met zandbanken en muistromen

Muistromen zijn zo gevaarlijk omdat de stroomsnelheden van de muistroom naar de zee vaak groter zijn dan je eigen maximum zwemsnelheid.

**Je moet dus nooit tegen een muistroom in naar de kust zwemmen, maar altijd dwars op de muistroom evenwijdig aan het strand naar de zandbank zwemmen!
Beter is het om van te voren goed naar de golven te kijken en te begrijpen waar de zandbanken en de muien zijn.**

Wanneer je rustig evenwijdig aan de kustlijn uit de muistroom zwemt dan kan je boven de zandbank weer rustig naar de kust zwemmen of mogelijk zelfs op die zandbank gaan staan.

9. Lange golven

9.1. De getijdegolf

Een voorbeeld van een zeer lange golf is de getijdegolf die langs de kusten loopt. Deze golf wordt opgewekt door de aantrekkingskrachten tussen de maan en de aarde en de middelpuntvliedende krachten ten gevolge van de rotatie van het systeem Maan plus Aarde. De zon speelt hierbij ook nog een beperkte rol maar die laten we voor de eenvoud buiten beschouwing.

Doordat aan de maanzijde de aantrekkingskracht van de maan overheerst ontstaat daar een "bult" van water en doordat aan de tegenover de maan gelegen zijde de middelpuntvliedende krachten overheersen ontstaat daar ook een "bult" van water.

Tegelijkertijd ontstaat dwars op deze twee "bulten" een water "dal". De zwaartekracht van de aarde zorgt er voor dat het verschil tussen de bult en het dal (=de getijgolfhoogte) beperkt blijft.

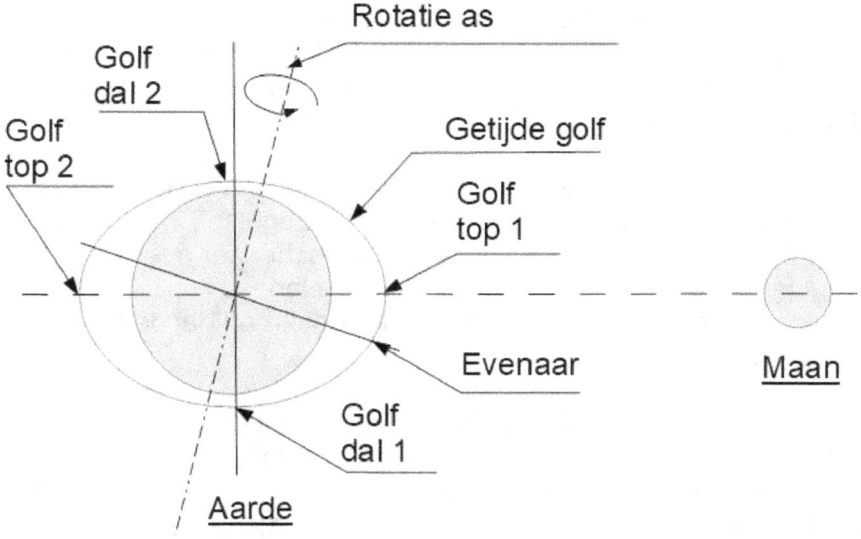

Basis principe van de herkomst van de M2 getijdegolf van de Maan

De maan draait 1keer per maand om de aarde, dus verandert de vorm van de getijgolf gedurende een maandelijkse periode. Eén keer per maand, met volle maan, liggen de aarde en de zon op één lijn en versterken zij elkaar met hun invloed op het getij. We noemen het dan Springtij.

Als een stilstaande waarnemer op aarde ervaren wij de invloed van de Zon en de Maan op het niveau van het oppervlak van de oceanen als een lopende lange golf omdat de aarde door zijn dagelijkse rotatie dagelijks als het ware onder deze "golfvorm" van twee toppen en dalen door draait.
Er is dus voor een stilstaande waarnemer twee keer per dag hoog water als gevolg van de maan.
Daarom wordt dit het M2 getij genoemd.

De aldus opgewekte getijde golf kan alleen op het zuidelijk halfrond compleet om de aarde bewegen omdat er daar geen continenten op zijn weg liggen.
Vanaf het zuidelijk halfrond loopt een uitloper van de daar opgewekte getijdegolf in ongeveer 3 dagen door de Atlantische Oceaan tussen de werelddelen Amerika en Afrika/Europa naar het Noorden van de Atlantische Oceaan. Hetzelfde gebeurt ook in de Pacifische Oceaan.

Op de Noordzee loopt de getijdegolf vervolgens in ongeveer 12 uur eerst langs de Oostkust van Schotland, de Engelse Oostkust en dan langs de Nederlandse kust via de Duitse bocht naar het Noorden naar Denemarken. Het getij langs de Nederlandse kust is dus het gevolg van het Maan getij op het zuidelijk halfrond dat daar ca 3,5 dag geleden al is opgetreden!

De getijde golf dringt ook via zeearmen door tot op de rivieren.
Bij een brede zeearm met een geleidelijke vernauwing treedt een concentratie van de golfenergie op die leidt tot een sterke toename van de getijdegolfhoogte. Een effect dat te vergelijken is met het door een ouderwetse hoortoeter versterkt geluid.

Indrukwekkende voorbeelden van een sterk toenemend getij hoogte verschil zijn het kanaal van Bristol en de rivier De Schelde naar Antwerpen. De getijverschillen zijn daar zo groot dat er voor de havens een sluisdeur is aangelegd die alleen bij hoog water open gaat omdat anders de schepen zouden komen droog te vallen.

9.2. De "Getij Watersprong" of "Tidal Bore"

Er zijn in de wereld enkele baaien met een zodanig getij dat er bij het opkomend getij een plotselinge hoge sprong in de waterstand optreedt die zich met een zekere snelheid landinwaarts beweegt. Aan de kant van de zee stroomt het water de baai binnen en op de overgang tussen het vrijwel stilstaande water en het naar binnen stromend water treedt een zogenaamde "watersprong" op die "Tidal Bore"wordt genoemd.

Dit verschijnsel treedt in spectaculaire vorm op onder andere bij het Anchorage Birdpoint in Alaska en in de Golf van Bengalen voor de kust van Bangladesh. Vooral bij springtij kan dit verschijnsel in de Golf van Bengalen zelfs tot het omslaan van vissersboten leiden.

Watersprong
Een watersprong is de overgang tussen twee vormen van stroming waarmee hetzelfde waterdebiet over een bodem kan stromen: "Schietend water" of "Stromend water:

A Bij schietend water stroomt het water zo snel dat veranderingen in de waterstand aan de benedenstroomse kant geen invloed hebben op de stroming daarboven. De waterdieptes worden geheel door de bovenstroomse randvoorwaarde bepaald. De waterdiepte is hierbij kleiner dan bij stromend water B.

B Bij stromend water is er wel invloed van een verandering van de benedenstroomse waterstand. De waterdieptes worden zelfs geheel door de benedenstroomse randvoorwaarde bepaald. De waterdiepte is hierbij groter dan die van A.

Op het punt waar de watersprong optreedt, gaat het snelstromende water over in een langzaam stromende laag water met grotere diepte.

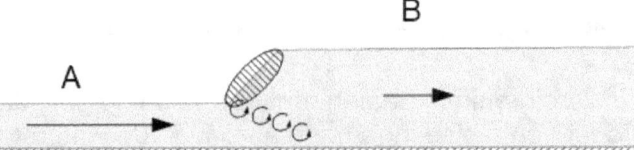

Watersprong

We kunnen deze watersprong ook anders beschouwen door als waarnemer mee te bewegen met de snel stromende stroom A.
In dat geval zien we de watersprong met de hoge laag B met hoge snelheid op ons afkomen, zoals ook het geval is bij een Tidal Bore!

Een Tidal Bore op kleine schaal
Je kunt het verschijnsel van de Tidal Bore ook op kleine schaal zien langs het strand bij de ondiepe uitlopers van de golven. Over de laatste uitloper van een golf stroomt de volgende uitloper met een iets grotere waterdiepte met aan de voorkant een kleine watersprong richting de strand lijn.
De snelheid waarmee deze lange golf uitloper stroomt kan je berekenen met de formule $C=\sqrt{(g \times D)}$ uit par.8.1.

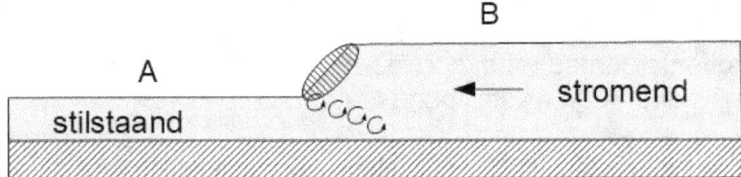

Tidal Bore

Uitvoering van een proef met een watersprong tijdens de afwas:
Voor deze proef moet je een bord horizontaal midden onder de stromende kraan houden. De waterstraal uit de kraan valt met grote snelheid op het midden van het bord en wordt daar gelijkmatig in alle horizontale richtingen verdeeld in een dunne laag A met schietend water. Het water moet echter over de hogere rand van het bord stromen, maar daarvoor is de watersnelheid onvoldoende. Voor de rand van het bord hoopt zich snel een hogere waterlaag B op.

In de laag B stroomt het water met een langzamere snelheid dan in de laag A.
Tussen beide waterlagen A en B treedt ergens halverwege op het bord een cirkelvormige "waterspong" op.

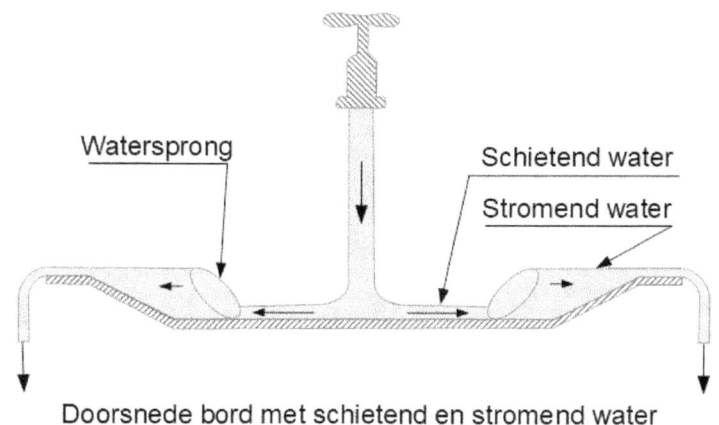

Doorsnede bord met schietend en stromend water

9.3. De Tsunami golf

Een bijzondere golf is de zogenaamde Tsunami. Dit is een zeer grote enkele (solitaire) golf die ontstaat ten gevolge van een grote onderzeese aardverschuiving als gevolg van een aardbeving.
Door de aardverschuiving wordt in korte tijd een enorme hoeveelheid water verplaatst waardoor er een zeer grote enkele golf ontstaat.

Meestal vindt de aardverschuiving in of langs een diepe oceaan plaats en zal de golf aanvankelijk een diep water golf zijn. Het gaat hier behalve de grootte van de verandering van de hoogte van de aardverschuiving ook om het totale oppervlak van de aardverschuiving. Hoe groter het oppervlak hoe meer verplaatst volume en hoe meer energie er in de golf zit.

De zo opgewekte diep water golf gaat met een grote snelheid over het oppervlak van de diepe oceaan en bij aankomst op de kust van een tegenover gelegen continent zal door de afname van de waterdiepte zijn voortplantings-snelheid sterk afnemen en daardoor de golfhoogte sterk in hoogte toenemen en zal hij uiteindelijk ook breken. Zo komt de golf als een super hoge brekende golf op de kust af en overstroomt hij ook het achterland tot vele kilometers ver. Daarbij wordt alles wat in zijn weg ligt meegesleurd en/of vernietigd.

De Tsunami in 2004 bij Aceh op Sumatra
Deze is goed beschreven op de volgende website:
www.usgs.gov/media/images/tsunami-wave-field-bay-bengal

Door het oprijzen van de oceaanbodem voor de westkust van Sumatra met ongeveer 4m. over een totale lengte van 1200 km is een evenzo breed golffront ontstaan naar de Oceaan richting India. Deze golf had een golfvoortplantingssnelheid van ca. 200 m/s.
De golf bereikte in ongeveer 1,5 uur de kust van India en Sri Lanka en een deel van het golffront liep zelfs nog verder door tot aan de kust van Oost Afrika. Tegelijkertijd was er naar de landzijde van Sumatra eveneens een alles verwoestende golf.

Nadere analyse van de Tsunami golf van Aceh

Diep water analyse
Uit de door het Amerikaanse instituut USGS gemeten golfsnelheid van C=200 m/s kunnen we met de golfsnelheid formule voor diep water C = 1,56 x T uit par. 8.1 een periode T=200/1,56=128 sec of wel 2 minuten afschatten.
Evenzo vinden we de golflengte L met de diepwater formule L = 1,56 x T^2 = 1,56 x 128^2 = 25 km.
De diepte D van de Stille Oceaan is ongeveer 4 km en daarmee komen we op een verhouding D/L = 0,16. De golf voelt dus al wel de oceaanbodem en zal langzaam iets van zijn energie verliezen.

De totale breedte van het golffront is door de toegenomen straal van het cirkelvormige golffront tot aan India met een factor van ca 5 toegenomen van 1200 km naar ca 6000 km. Hierdoor is de totale golfenergie per m breedte met ongeveer een factor 5 afgenomen.

In par 8.3 hadden we al gezien dat de energie in een golf per eenheid van breedte gelijk is aan E=1/8 x ρ x g x H^2 x L en dus kwadratisch afneemt met de golfhoogte H.
De afname factor 5 van de energie in de golf zorgt dus voor een afname factor ter grootte van √5=2,2 van de golfhoogte.
Daarmee kunnen we de golfhoogte bij aankomst op diep water voor de kust van India afschatten op H = 4/2,2= 1,8 m. bij een diep water lengte van nog steeds 25 km!

Schepen op diep water voor de kust voelen deze golf nauwelijks omdat het hoogteverschil van 1,8m zeer langzaam met een periode van 2 minuten optreedt!

Ondiep water analyse
De diepwatergolf loopt op het ondiepere continentaal plat van India. Stel dat daarbij de diepte afneemt van D1=4000 m naar D2=25 m dan neemt volgens de ondiep water formule C = √(g x D) de snelheid C af met de wortel van de diepte.
Dit levert een afname van de golfsnelheid met een factor √(D1/D2)=12,6.

Omdat de energie in de golf hierbij nagenoeg gelijk blijft zal het kwadraat van de golfhoogte moeten toenemen met dezelfde factor 12,6. Dit leidt tot een golfhoogte van H = 1,8 x √12,6 = 6,4 m!

Een verdere afname van de waterdiepte tot 5 m reduceert de snelheid met een factor √5=2,23 en vergroot de golfhoogte met een factor √2,23=1,5. Daarmee neemt de golfhoogte toe tot H=1,5 x 6,4 = 9,6 m.!

De verhouding golfhoogte/waterdiepte= H/D is dan ook fors toegenomen tot 9,6/5=1,92. In par. 8.3 hebben we gezien dat een golf breekt als de verhouding golfhoogte/waterdiepte boven een grens van ca H/D = 0,8 komt.
De golf is dus tussen de 25 m dieptelijn en de 5 m dieptelijn gebroken en komt als een muur van kolkend water met een hoogte van ca 10 m naar de kust. De totale waterdiepte in de golf op de 5m waterdiepte lijn is dan toegenomen tot ca 15m en daarmee heeft de golf een snelheid van:

$$C = \sqrt{(g \times D)} = \sqrt{(10 \times 15)} = 12 \quad \text{m/s}$$
$$C = 43 \quad \text{km/uur !}$$

Deze aanstormende muur van water is in feite een watersprong met een zeer grote afmeting.

Conclusie:
Bij een oceaan kust zonder een hoge berg vlak naast je verblijf is je enige redding bij een Tsunami waarschuwing zo snel mogelijk naar een minstens 15m (= 5 verdiepingen!) hoog betonnen gebouw gaan. Je hebt orde van grootte niet meer dan een 0,5 tot 1 uur de tijd om daar te komen.
Als je in een Tsunami gevoelig gebied bent moet je dus altijd goed rondkijken naar hoge gebouwen die als vluchtheuvel kunnen dienen.

10. Micro-meter Korreldiameter Indicator

MICRO-METER
Korreldiameter indicator
1 mm = 1000 µm

De vertikale lijnen, links zwart en rechts wit, zijn 500 µm dik. Aan de bovenzijde is de afstand tussen de lijnen 500 µm.
Deze afstand verloopt lineair omlaag naar 0.

Knip deze pagina uit het boekje en lamineer de pagina.
Leg het zand monster op de tekeningen.
Schat in op welke hoogte de korreldiameter overeenkomt met de tussenruimte tussen de vertikale lijnen.

Lees rechts de bijbehorende korreldiameter af.

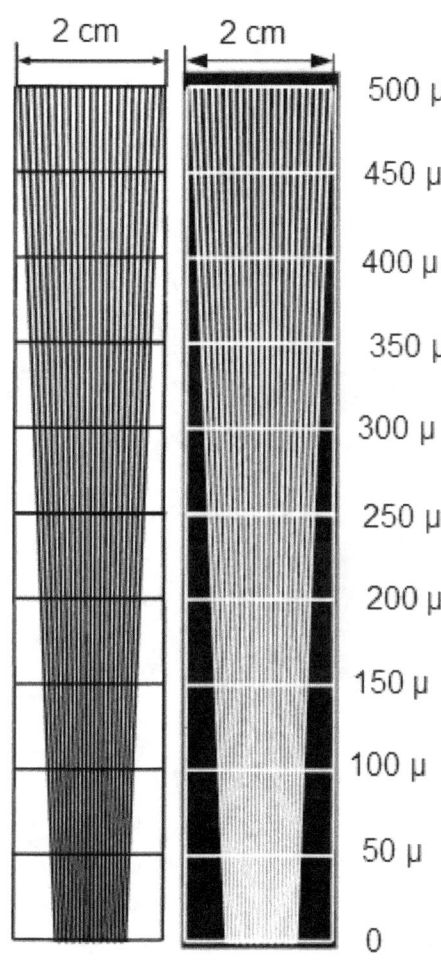

www.ingramcontent.com/pod-product-compliance
Lightning Source LLC
Chambersburg PA
CBHW071521220526
45472CB00003B/1103